CAD 建筑装饰造型设计施工图常用图块

宋立纲　宋志雅　宋光尧　编著

中国建筑工业出版社

图书在版编目（CIP）数据

CAD 建筑装饰造型设计施工图常用图块/宋立纲，宋志雅，宋光尧编著．—北京：中国建筑工业出版社，2007
ISBN 978-7-112-09351-9

Ⅰ．C… Ⅱ．①宋…②宋…③宋… Ⅲ．室内设计：计算机辅助设计-应用软件，AutoCAD Ⅳ．TU238-39

中国版本图书馆 CIP 数据核字（2007）第 100100 号

责任编辑：郦锁林 张伯熙
责任设计：赵明霞
责任校对：孟 楠 关 健

本书主要内容为 CAD 建筑装饰造型设计施工图常用图块，作者结合自己多年的工作经验，以图集的形式编写而成。书中包括：客厅顶、餐厅顶、卧室顶、会议室顶造型，墙面造型，门窗（洞）口造型，隔断造型，床（炕）口造型，暖气罩造型，洞口吧台造型等内容。本书可供从事建筑设计、室内设计、装饰设计与施工的技术人员使用，也可作为高等学校学生课程教学和课程设计参考用书。

CAD 建筑装饰造型设计施工图常用图块
宋立纲 宋志雅 宋光尧 编著
*
中国建筑工业出版社出版、发行（北京西郊百万庄）
各地新华书店、建筑书店经销
北京密云红光制版公司制版
北京建筑工业印刷厂印刷
*
开本：787×1092 毫米 横 1/16 印张：14¾ 字数：350 千字
2007 年 11 月第一版 2007 年 11 月第一次印刷
印数：1—4000 册 定价：**49.00** 元（含光盘）
ISBN 978-7-112-09351-9
（16015）

前　言

目前市场上关于装饰装修的参考资料多以照片的形式出现，不能满足广大设计人员以及施工人员的需要。本书以施工图的形式编绘，并注明详细尺寸和剖视结构，既有参考价值又有实用价值。

本书所涉及的各种艺术造型均有一定的代表性、可变化性，适用于家庭、办公室、会议室、宾馆、饭店、商场、舞厅、综合厅、四季厅、餐厅、展厅、美容院等所需要的各种不同的艺术造型。

本书的造型考虑到了艺术效果同实用效果相结合的协调，适应于不同文化层次的需要。设计人员可根据实际需要，选择某个造型予以变化再创意；可选择某个造型把长与宽的总尺寸改变成实际尺寸，增减尺寸调整到造型中间部分亦可，造型效果不变。

造型面层材料的选用和色调设计，除根据特殊需要标注材料使用外，一般不做标注，可根据实际情况自行选用。图中标注"换板"是指不要使用同一种颜色的材料，选择两种不同颜色的材料相互搭配使用，能改变面层色调反差对比，总体效果不显得单调。关于消防措施（烟感、喷淋）和各种线路（强电、弱电）等分布和敷设，图中只简单标注，仅供参考。实际操作时要根据要求另作详细设计，但一定不要影响造型效果。为了不显得过于繁琐而搅乱视线，图中的标注及划线做了精简。

本书所设计的各种造型只是室内的某一部分，选择多种造型效果组成一体时，要选择统一格调的造型，这样整体效果才能达到协调完美。

本书的艺术造型，曲直变化能产生很多创意，但因篇幅所限，只能有选择性地绘制，不妥之处恳请读者谅解。

目　录

客厅顶造型

正视图

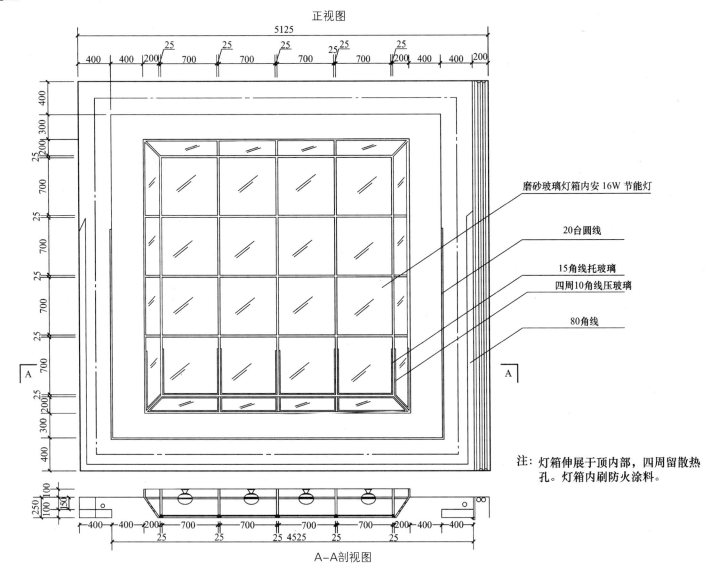

5125

磨砂玻璃灯箱内安 16W 节能灯

20台圆线

15角线托玻璃

四周10角线压玻璃

80角线

注：灯箱伸展于顶内部，四周留散热
孔。灯箱内刷防火涂料。

A—A剖视图

1

客厅连餐厅顶造型

平面图

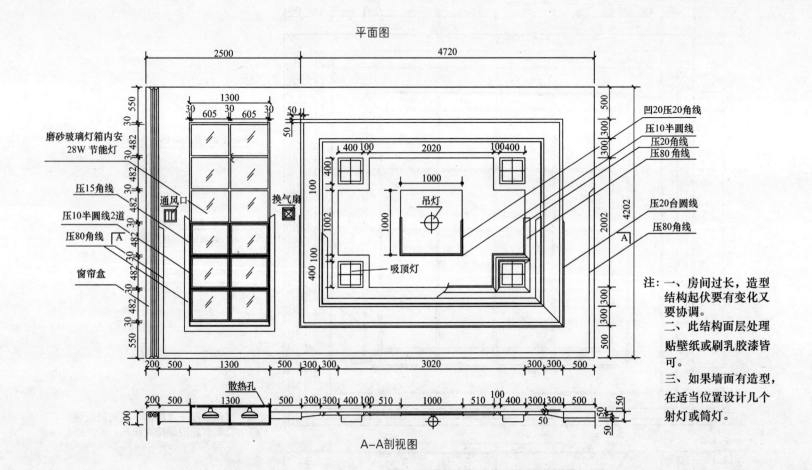

磨砂玻璃灯箱内安
28W 节能灯

压15角线

压10半圆线2道

压80角线

窗帘盒

通风口

换气扇

吊灯

吸顶灯

凹20压20角线

压10半圆线

压20角线

压80角线

压20台圆线

压80角线

注：一、房间过长，造型
结构起伏要有变化又
要协调。
二、此结构面层处理
贴壁纸或刷乳胶漆皆
可。
三、如果墙面有造型，
在适当位置设计几个
射灯或筒灯。

散热孔

A-A剖视图

2

客厅顶造型

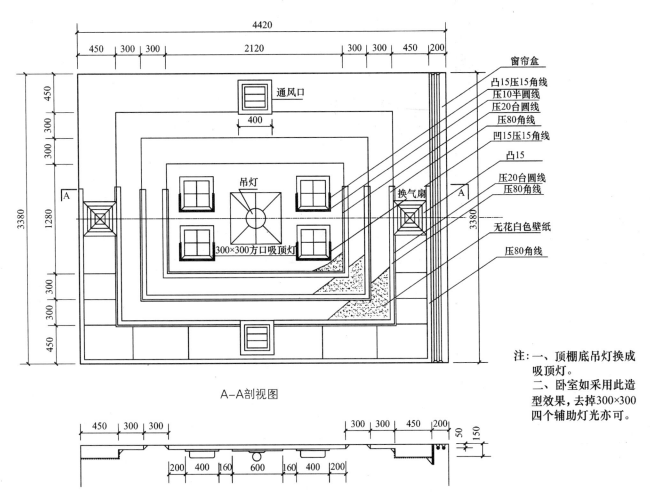

平面图

4420

450 | 300 | 300 | 2120 | 300 | 300 | 450 | 200

通风口

400

吊灯

300×300方口吸顶灯

换气扇

窗帘盒

凸15压15角线
压10半圆线
压20台圆线
压80角线

凹15压15角线

凸15

压20台圆线
压80角线

无花白色壁纸

压80角线

450
300
300
1280
300
300
450

3380

3380

A—A剖视图

450 | 300 | 300 | 300 | 300 | 450 | 200

50
150

200 | 400 | 160 | 600 | 160 | 400 | 200

注：一、顶棚底吊灯换成
吸顶灯。
二、卧室如采用此造
型效果，去掉300×300
四个辅助灯光亦可。

3

客厅顶造型

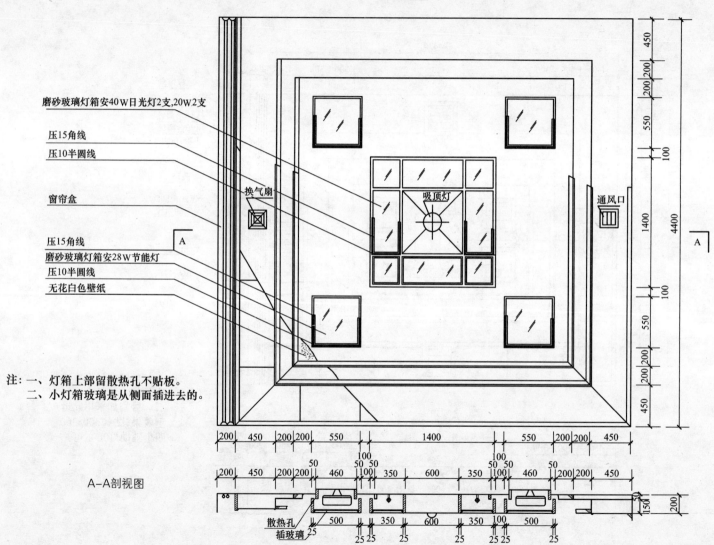

平面图

磨砂玻璃灯箱安40W日光灯2支,20W2支

压15角线

压10半圆线

窗帘盒

压15角线

磨砂玻璃灯箱安28W节能灯

压10半圆线

无花白色壁纸

换气扇

吸顶灯

通风口

注:一、灯箱上部留散热孔不贴板。
　　二、小灯箱玻璃是从侧面插进去的。

A-A剖视图

散热孔
插玻璃

客厅顶造型

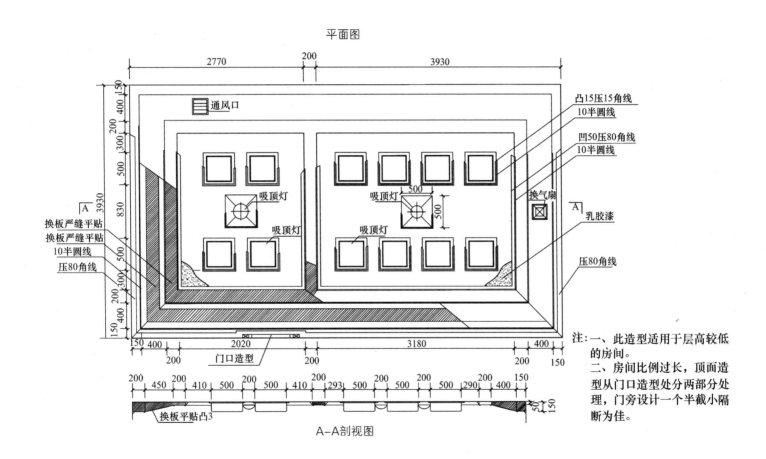

平面图

2770　200　3930

通风口

凸15压15角线
10半圆线

凹50压80角线
10半圆线

换气扇

乳胶漆

吸顶灯　500　吸顶灯　500

吸顶灯　吸顶灯

换板严缝平贴
换板严缝平贴
10半圆线
压80角线

压80角线

150 400 200 300 500 830 500 300 200 400 150

3930

门口造型

150 400　2020　200　3180　400 200 150
200　　　　200　　　　　　200

注：一、此造型适用于层高较低
的房间。
二、房间比例过长，顶面造
型从门口造型处分两部分处
理，门旁设计一个半截小隔
断为佳。

200 450 200 410 500 500 500 410 293 500 500 500 290 400 150
200　　　　　200　　　200　　　200　　　200　　　200

换板平贴凸3

A—A剖视图

5

客厅顶造型

平面图

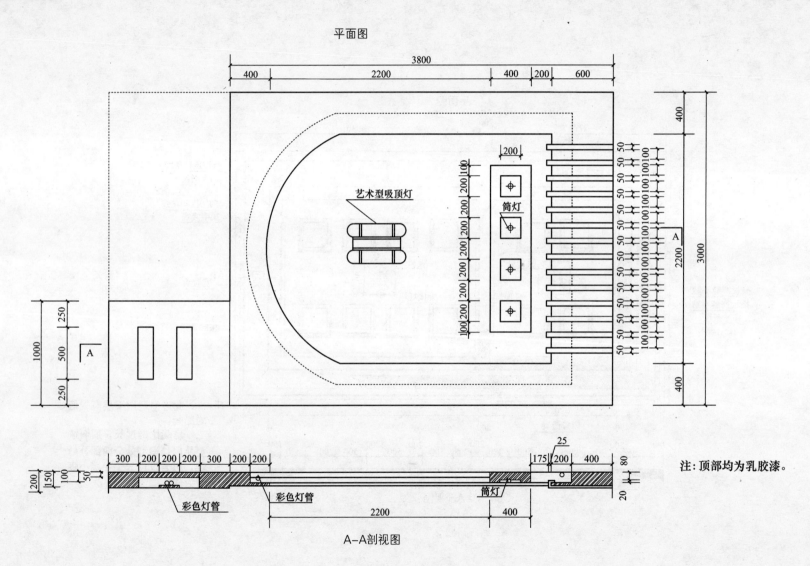

艺术型吸顶灯

筒灯

注:顶部均为乳胶漆。

彩色灯管

彩色灯管

筒灯

A-A剖视图

客厅顶造型

平面图

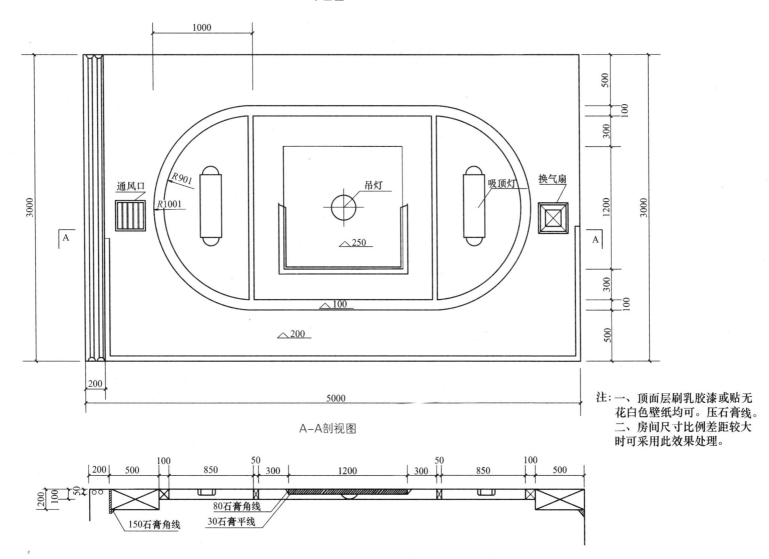

通风口

R901

R1001

吊灯

吸顶灯

换气扇

△250

△100

△200

1000

500

100

300

1200

300

100

500

3000

3000

200

5000

注：一、顶面层刷乳胶漆或贴无
花白色壁纸均可。压石膏线。
二、房间尺寸比例差距较大
时可采用此效果处理。

A—A剖视图

200 500 100 850 50 300 1200 300 50 850 100 500

200 100 50

80石膏角线
30石膏平线

150石膏角线

客厅顶造型

平面图

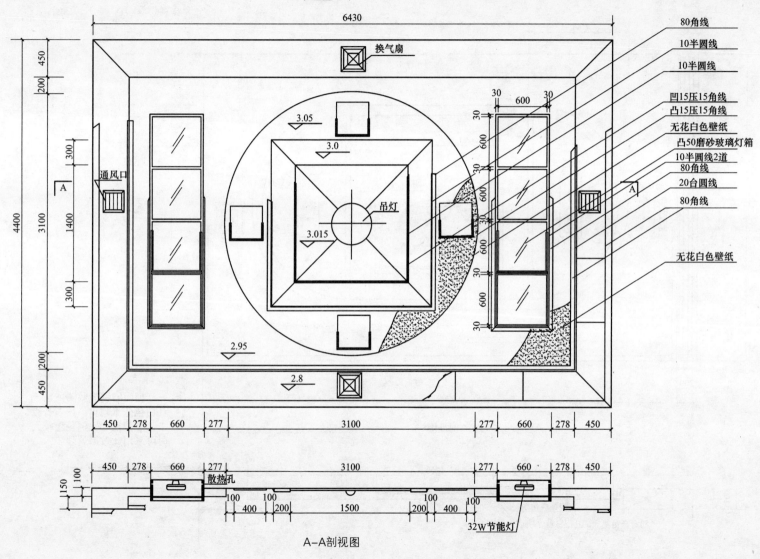

6430

450
200
300
1400
300
200
450
3100
4400

换气扇

通风口

3.05
3.0
3.015
吊灯
2.95
2.8

80角线
10半圆线
10半圆线
凹15压15角线
凸15压15角线
无花白色壁纸
凸50磨砂玻璃灯箱
10半圆线2道
80角线
20台圆线
80角线

无花白色壁纸

30 600 30
30
600
600
30
30
600
30
600
30

450 278 660 277 3100 277 660 278 450

450 278 660 277 3100 277 660 278 450

100
150

散热孔

100 400 100 200 1500 200 100 400 100

32W节能灯

A—A剖视图

客厅顶造型

平面图

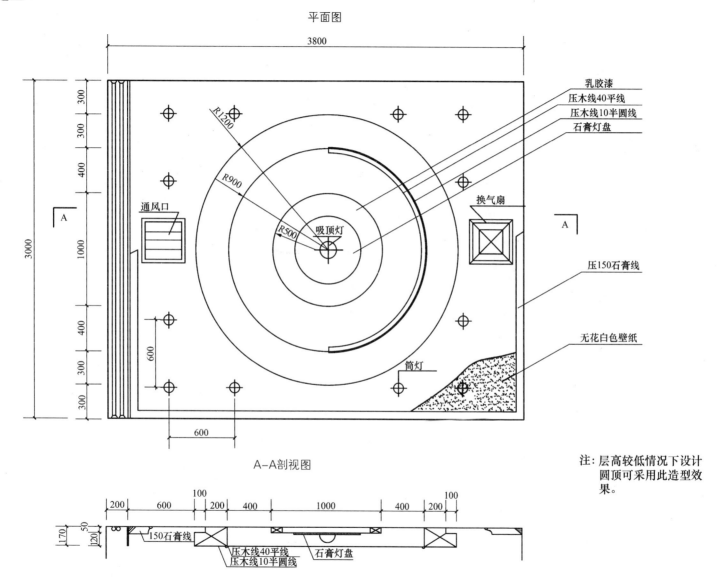

3800

乳胶漆
压木线40平线
压木线10半圆线
石膏灯盘

R1200
R900
R500
通风口
吸顶灯
换气扇
压150石膏线
筒灯
无花白色壁纸

A
A

300
300
400
1000
400
300
300
3000

600
600

A—A剖视图

注: 层高较低情况下设计
圆顶可采用此造型效
果。

200 600 100 200 400 1000 400 200 100

170 50 120

150石膏线
压木线40平线
压木线10半圆线
石膏灯盘

客厅顶造型

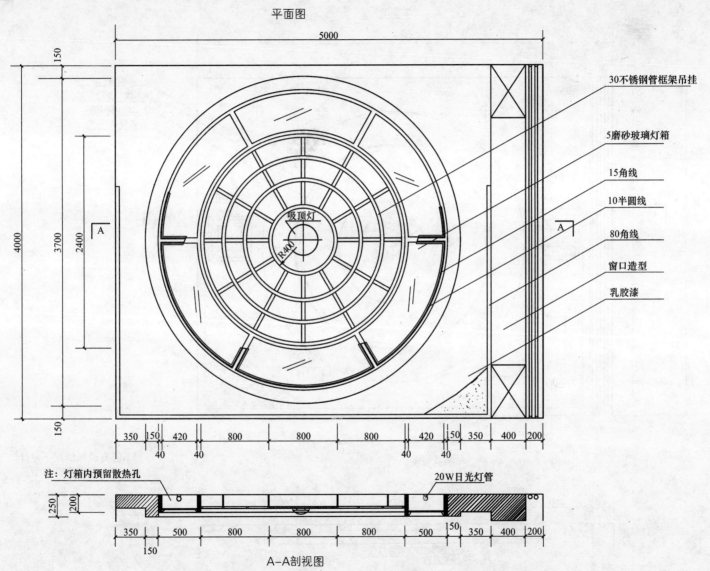

平面图

5000

150

4000

3700

2400

A

吸顶灯

R400

A

30不锈钢管框架吊挂

5磨砂玻璃灯箱

15角线

10半圆线

80角线

窗口造型

乳胶漆

150

350 150 420 800 800 800 420 150 350 400 200

40 40 40 40

注：灯箱内预留散热孔

20W日光灯管

250 200

350 500 800 800 800 500 150 350 400 200

150

A-A剖视图

客厅顶造型

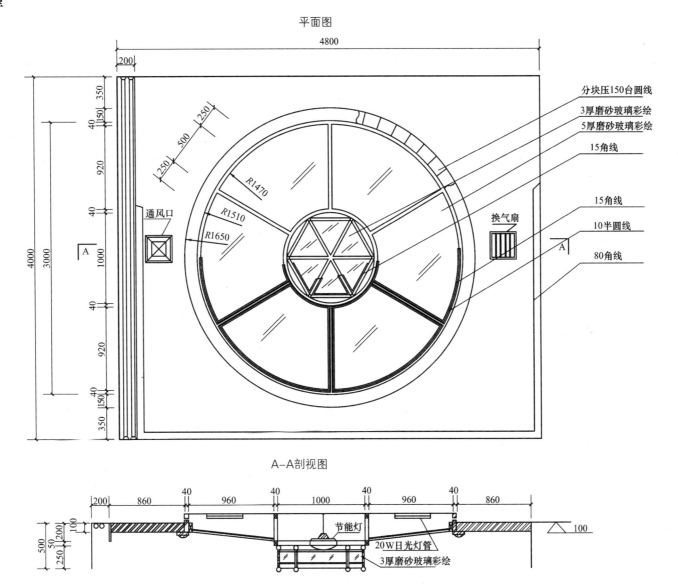

平面图

4800

200

350 350
40 150
920

250 500 250
250
R1470
R1510
R1650

通风口

40
1000

40

920

40
150
350

分块压150台圆线
3厚磨砂玻璃彩绘
5厚磨砂玻璃彩绘

15角线

15角线
10半圆线
80角线

换气扇

A

A

A–A剖视图

200 860 40 960 40 1000 40 960 40 860

100
200
50
250
500

100

节能灯
20W日光灯管
3厚磨砂玻璃彩绘

100

客厅顶造型

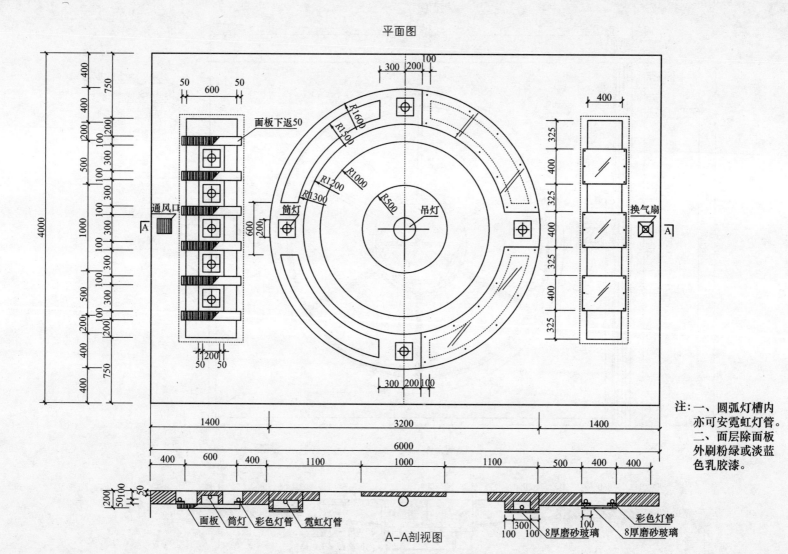

平面图

面板下返50

通风口

筒灯

吊灯

R1600
R1300
R1000
R1200
R1300
R500

换气扇

A

注：一、圆弧灯槽内亦可安霓虹灯管。
二、面层除面板外刷粉绿或淡蓝色乳胶漆。

1400　　3200　　1400

6000

400　600　400　1100　1000　1100　500　400　400

面板　筒灯　彩色灯管　霓虹灯管

8厚磨砂玻璃　彩色灯管　8厚磨砂玻璃

A—A剖视图

餐厅或休息室顶造型

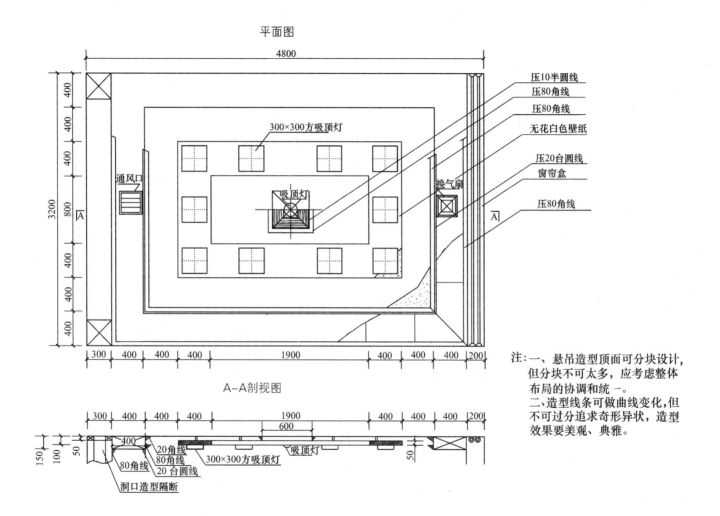

平面图

4800

300×300方吸顶灯

吸顶灯

通风口

换气扇

压10半圆线
压80角线
压80角线
无花白色壁纸
压20台圆线
窗帘盒
压80角线

400 400 400 400 800 400 400

3200

300 400 400 400 1900 400 400 400 200

A—A剖视图

300 400 400 400 1900 400 400 400 200

600

400
20角线
80角线
80角线
20台圆线
洞口造型隔断

300×300方吸顶灯

吸顶灯

150 100 50

50

注:一、悬吊造型顶面可分块设计,
但分块不可太多,应考虑整体
布局的协调和统一。
二、造型线条可做曲线变化,但
不可过分追求奇形异状,造型
效果要美观、典雅。

13

餐厅顶造型

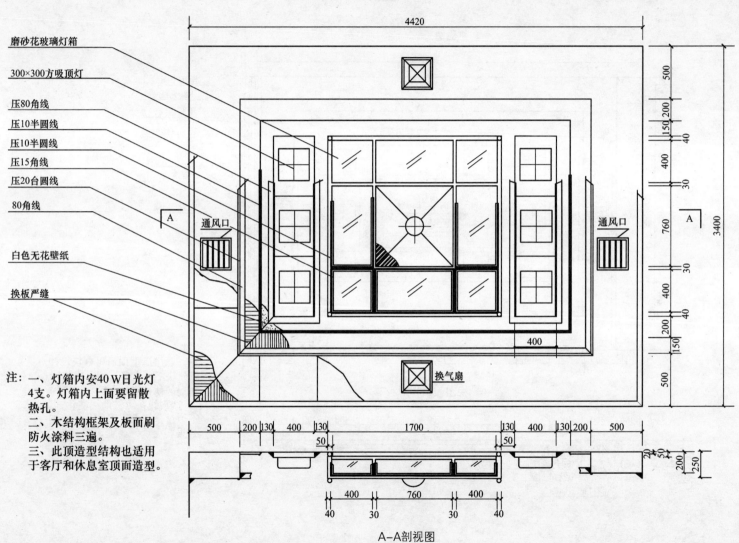

平面图

磨砂花玻璃灯箱

300×300方顶灯

压80角线

压10半圆线

压10半圆线

压15角线

压20台圆线

80角线

白色无花壁纸

换板严缝

通风口

通风口

换气扇

注：一、灯箱内安40W日光灯
　　4支。灯箱内上面要留散
　　热孔。
　　二、木结构框架及板面刷
　　防火涂料三遍。
　　三、此顶造型结构也适用
　　于客厅和休息室顶面造型。

A–A剖视图

餐厅顶造型

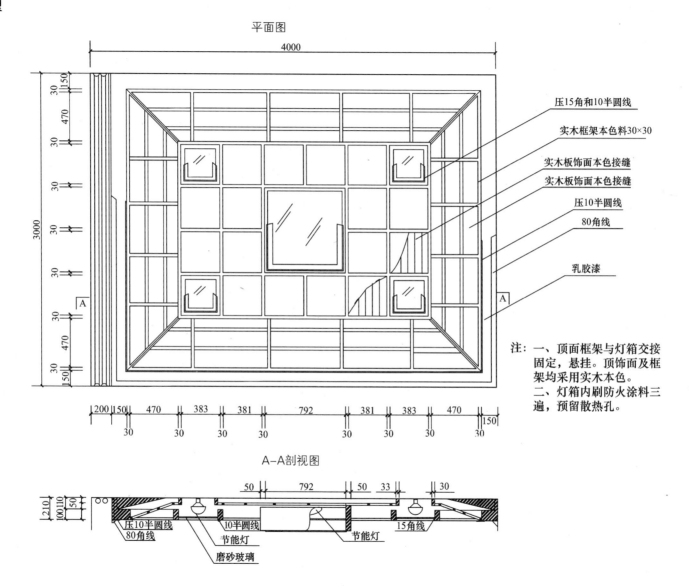

平面图

4000

3000

压15角和10半圆线

实木框架本色料30×30

实木板饰面本色接缝

实木板饰面本色接缝

压10半圆线

80角线

乳胶漆

200 150 470 383 381 792 381 383 470 150

30 30 30 30 30 30 30 30

注：一、顶面框架与灯箱交接固定，悬挂。顶饰面及框架均采用实木本色。
二、灯箱内刷防火涂料三遍，预留散热孔。

A—A剖视图

50 792 50 33 30

210 100 110 50

压10半圆线
80角线
节能灯
磨砂玻璃

10半圆线
节能灯

节能灯

15角线

餐厅顶造型

平面图

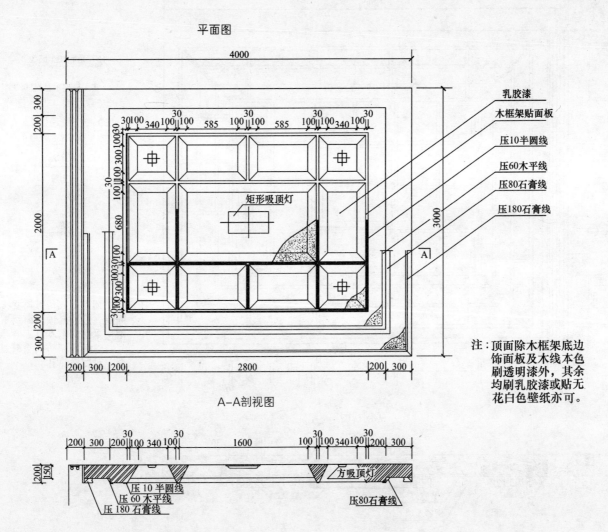

乳胶漆
木框架贴面板
压10半圆线
压60木平线
压80石膏线
压180石膏线

矩形吸顶灯

A—A剖视图

方吸顶灯

压10半圆线
压60木平线
压180石膏线

压80石膏线

注：顶面除木框架底边饰面板及木线本色刷透明漆外，其余均刷乳胶漆或贴无花白色壁纸亦可。

餐厅顶造型

平面图

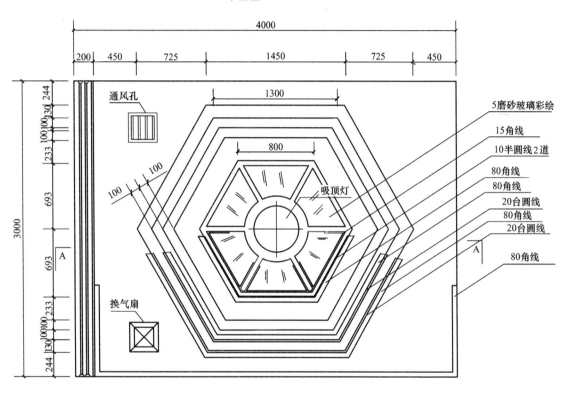

4000

200 | 450 | 725 | 1450 | 725 | 450

通风孔

5磨砂玻璃彩绘
15角线
10半圆线2道
80角线
80角线
20台圆线
80角线
20台圆线
80角线

1300

800

吸顶灯

244
100 100 30
233
693
693
233
100 100 30
244

3000

A

A

100

100 100

换气扇

A–A剖视图

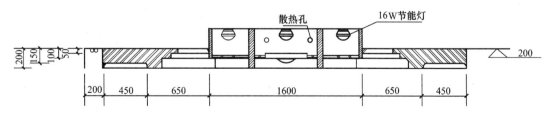

散热孔
16W节能灯

200
150
100 50

200

200 | 450 | 650 | 1600 | 650 | 450

餐厅顶造型

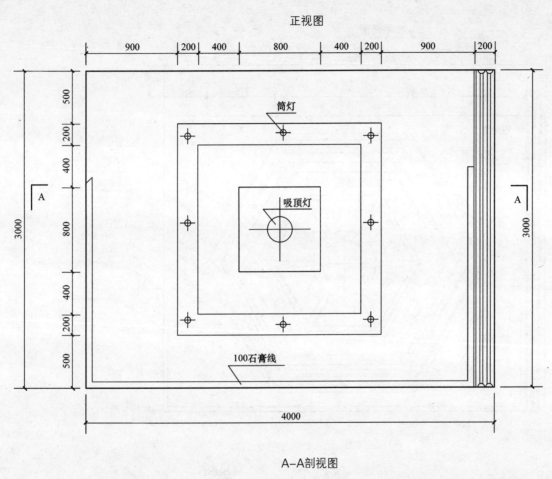

正视图

900　200　400　800　400　200　900　200

500

200
400
800
400
200
500

3000

3000

筒灯

吸顶灯

100石膏线

4000

A-A剖视图

900　200　400　800　400　200　900　200

198

98

注: 条形灯槽可任意
变化各种形状。

餐厅顶造型

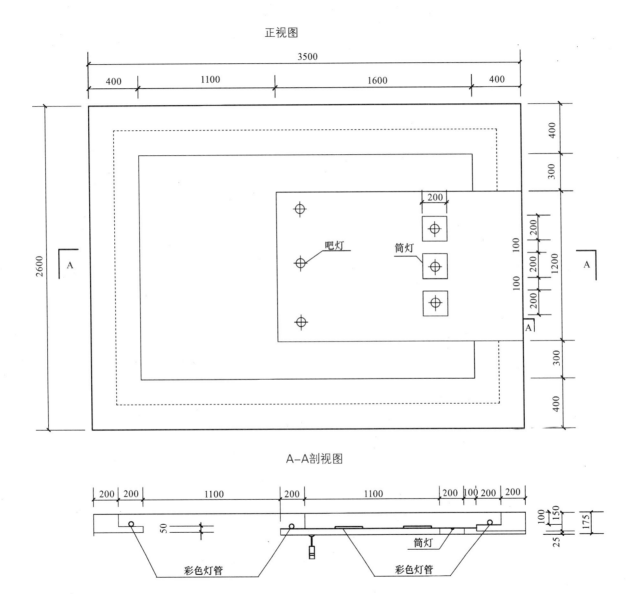

正视图

3500

400　1100　1600　400

2600

400

300

200

200

100

200　1200

100

200

吧灯

筒灯

300

400

A

A

A

A-A剖视图

200　200　1100　200　1100　200　100　200　200

50

彩色灯管

筒灯

彩色灯管

100　150　175

25

餐厅顶（不锈钢管吊挂）造型

平面图

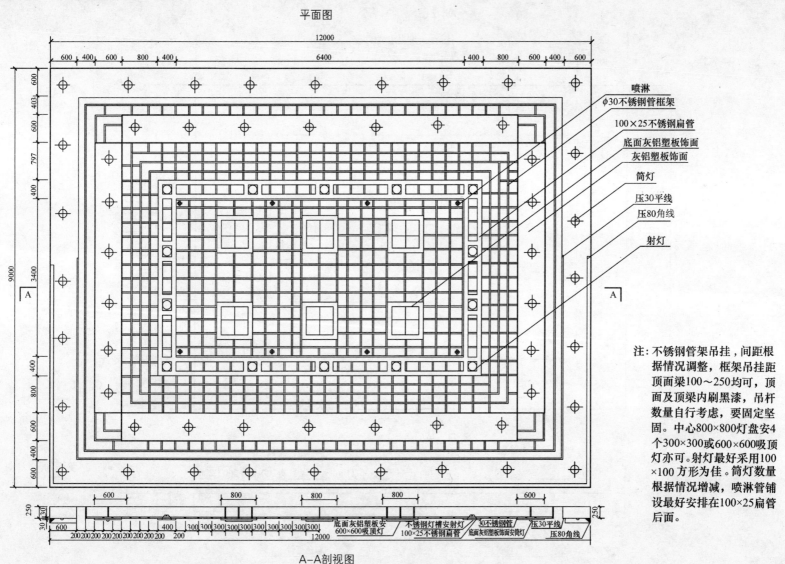

喷淋
φ30不锈钢管框架
100×25不锈钢扁管
底面灰铝塑板饰面
灰铝塑板饰面
筒灯
压30平线
压80角线
射灯

注：不锈钢管架吊挂，间距根据情况调整，框架吊挂距顶面梁100～250均可，顶面及顶梁内刷黑漆，吊杆数量自行考虑，要固定坚固。中心800×800灯盘安4个300×300或600×600吸顶灯亦可。射灯最好采用100×100方形为佳。筒灯数量根据情况增减，喷淋管铺设最好安排在100×25扁管后面。

底面灰铝塑板安600×600吸顶灯
不锈钢灯槽安射灯
100×25不锈钢扁管
30不锈钢管
底面灰铝塑板饰面安筒灯
压30平线
压80角线

A-A剖视图

餐厅顶造型

平面图

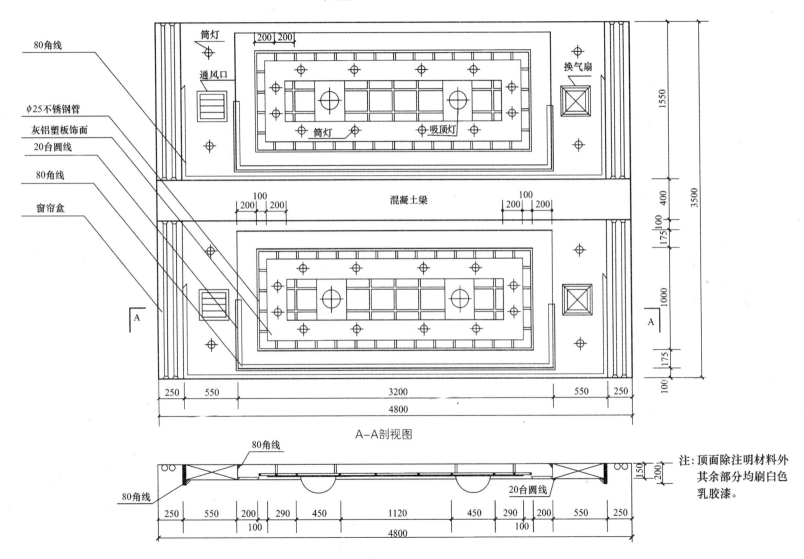

80角线

筒灯

通风口

φ25不锈钢管

灰铝塑板饰面

20台圆线

80角线

窗帘盒

换气扇

200 | 200

筒灯

吸顶灯

100
200 | 200

混凝土梁

100
200 | 200

1550

400

175

100

1000

175

100

3500

A

A

250 | 550 | 3200 | 550 | 250
4800

A-A剖视图

80角线

80角线

20台圆线

150
200

注：顶面除注明材料外
其余部分均刷白色
乳胶漆。

250 | 550 | 200 | 290 | 450 | 1120 | 450 | 290 | 200 | 550 | 250
100 | | 100
4800

餐厅顶造型

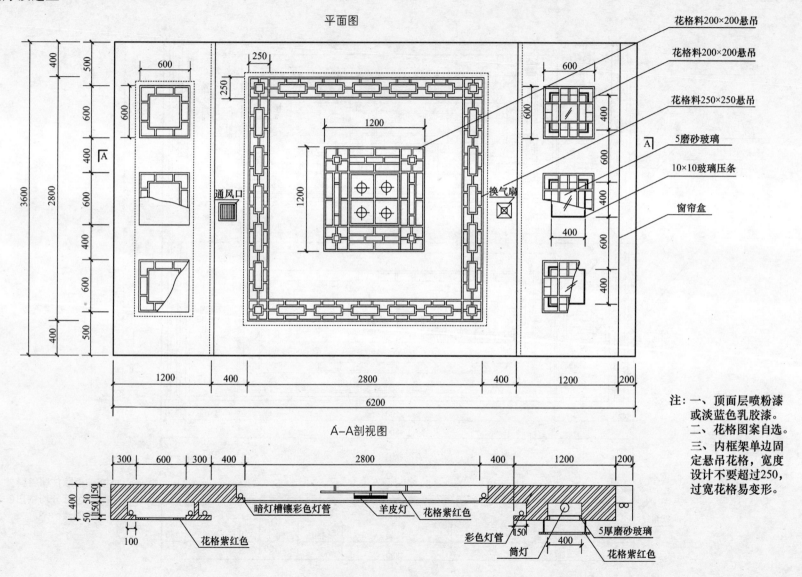

平面图

花格料200×200悬吊

花格料200×200悬吊

花格料250×250悬吊

5磨砂玻璃

10×10玻璃压条

窗帘盒

通风口

换气扇

A—A剖视图

暗灯槽镶彩色灯管
羊皮灯
花格紫红色
花格紫红色
彩色灯管
筒灯
5厚磨砂玻璃
花格紫红色

注：一、顶面层喷粉漆
或淡蓝色乳胶漆。
二、花格图案自选。
三、内框架单边固
定悬吊花格，宽度
设计不要超过250，
过宽花格易变形。

餐厅顶造型

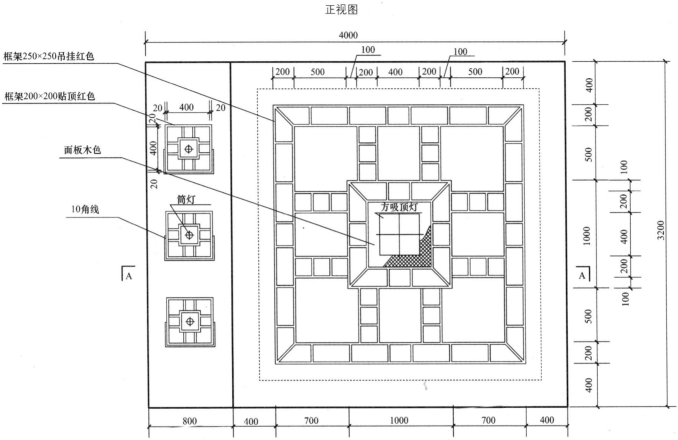

正视图

框架250×250吊挂红色

框架200×200贴顶红色

面板木色

10角线

方吸顶灯

筒灯

A-A剖视图

暗藏彩灯管

筒灯　暗藏彩灯管

方吸顶灯

框架吊挂

注：一、除注明材料和颜色
外，其余均为白色乳胶
漆。
二、吊挂框架可根据情
况任意变化。

卧室顶造型

正视图

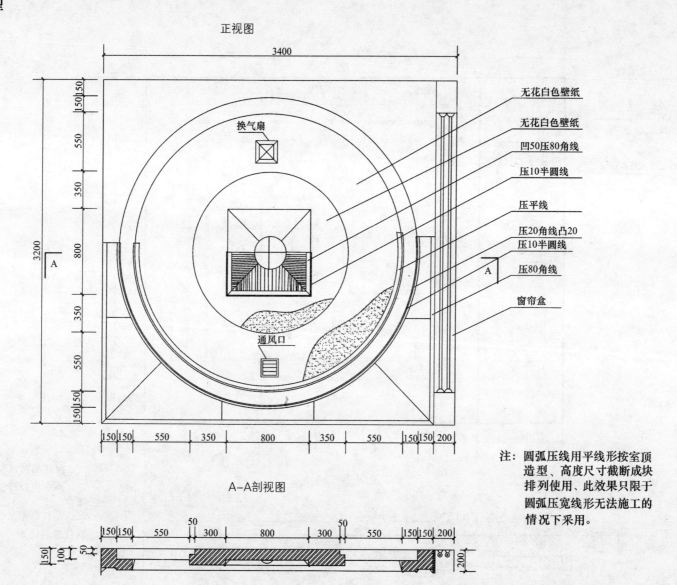

无花白色壁纸

无花白色壁纸

凹50压80角线

压10半圆线

压平线

压20角线凸20

压10半圆线

压80角线

窗帘盒

换气扇

通风口

A-A剖视图

3400

3200

150 150 550 350 800 350 550 150 150 200

50 300 800 300 50

150 150 550 550 150 150 200

150 100 50 200

注：圆弧压线用平线形按室顶
造型、高度尺寸截断成块
排列使用、此效果只限于
圆弧压宽线形无法施工的
情况下采用。

卧室顶面造型

正视图

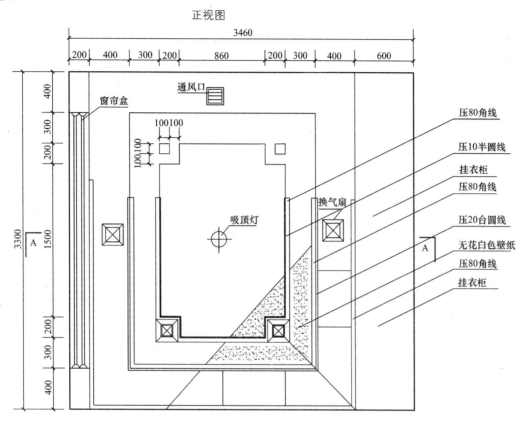

窗帘盒
通风口
压80角线
压10半圆线
挂衣柜
压80角线
压20台圆线
无花白色壁纸
压80角线
挂衣柜
吸顶灯
换气扇

A—A剖视图

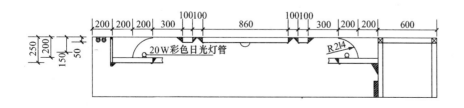

20W彩色日光灯管
R214

注：一、木结构框架及板面刷防火涂料。
二、门上和门旁制作挂衣柜和吊柜。
三、面层色调全部选用白色无花壁纸
饰面或白色乳胶漆。
四、窗帘盒按窗口尺寸两头各增加
300后，两头剩余部分封闭严实。

卧室顶造型

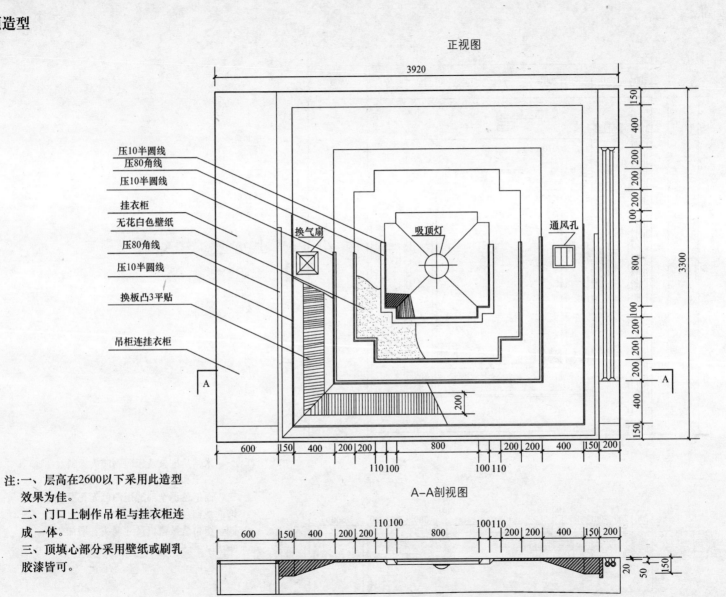

正视图

3920

压10半圆线
压80角线

压10半圆线

挂衣柜

无花白色壁纸

压80角线

压10半圆线

换板凸3平贴

吊柜连挂衣柜

换气扇

吸顶灯

通风孔

150
400
200
200
100 200
800
200 200
400
150 200

3300

A

A

200

600 150 400 200 200 800 200 200 400 150 200

110 100 100 110

A–A剖视图

600 150 400 200 200 800 200 200 400 150 200

110 100 100 110

20
50
150

注:一、层高在2600以下采用此造型
效果为佳。
二、门口上制作吊柜与挂衣柜连
成一体。
三、顶填心部分采用壁纸或刷乳
胶漆皆可。

26

卧室顶造型

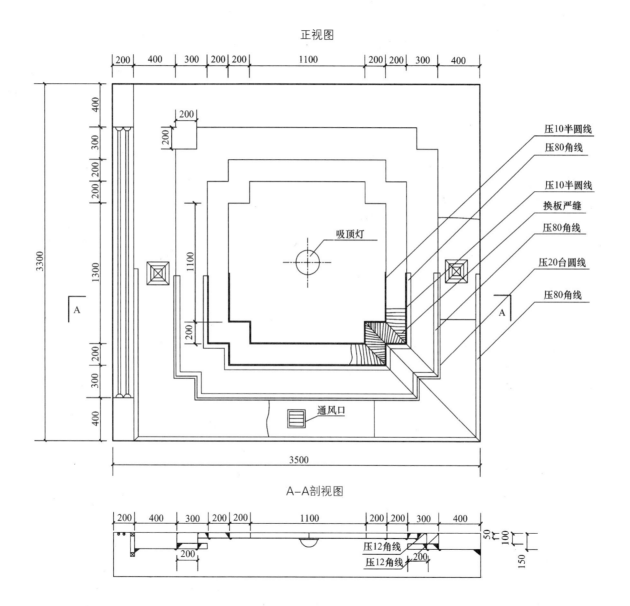

正视图

压10半圆线
压80角线

压10半圆线
换板严缝
压80角线
压20台圆线
压80角线

吸顶灯

通风口

3300

3500

200 400 300 200 200 1100 200 200 300 400

400 300 200 200 1300 200 300 400

200

A–A剖视图

200 400 300 200 200 1100 200 200 300 400

压12角线
压12角线

200

50 100 150

卧室顶造型

正视图

4020

450

400

R300

R200

1600

通风孔

吸顶灯

换气扇

窗帘盒

压30石膏线

压120石膏线

压150石膏线

压30石膏线

压150石膏线

3300

A

A

400

450

450 | 400 | 2120 | 400 | 450 | 200

注：一、木龙骨石膏板顶刷乳胶漆，圆弧尺寸根据石膏线型的圆弧尺寸予以调整。

二、本造型效果也适用于客厅顶面造型，但必须配备适当的辅助灯光。

450 | 300 | 100 | 200 | 1720 | 200 | 100 | 300 | 450 | 200

150 | 80

A-A剖视图

会议室顶造型

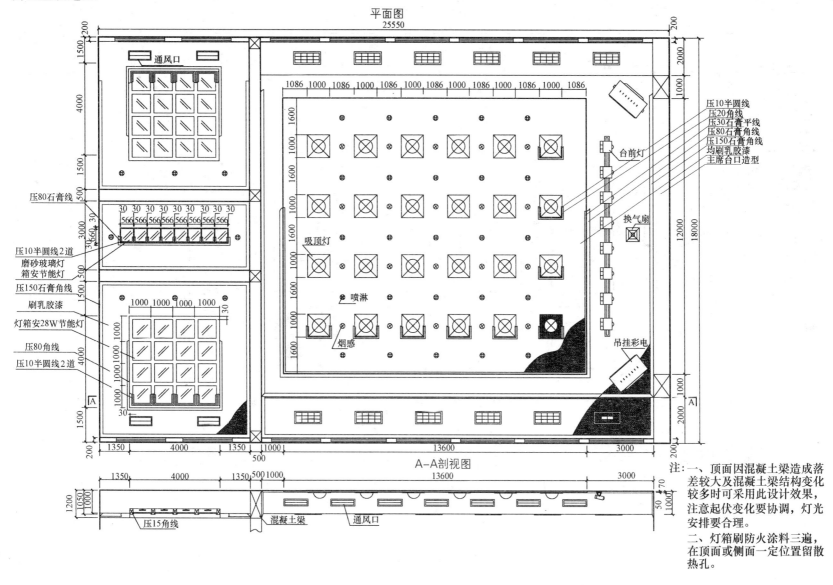

平面图
25550

通风口

1086 1000 1086 1000 1086 1000 1086 1000 1086 1000 1086 1000 1086

吸顶灯

喷淋

烟感

压80石膏线
压10半圆线2道
磨砂玻璃灯
箱安节能灯
压150石膏角线
刷乳胶漆
灯箱安28W节能灯
压80角线
压10半圆线2道

压10半圆线
压20角线
压30石膏平线
压80石膏角线
压150石膏角线
均刷乳胶漆
主席台口造型

台前灯
换气扇
吊挂彩电

A—A剖视图

压15角线   混凝土梁   通风口

注:一、顶面因混凝土梁造成落差较大及混凝土梁结构变化较多时可采用此设计效果,注意起伏变化要协调,灯光安排要合理。

二、灯箱刷防火涂料三遍,在顶面或侧面一定位置留散热孔。

29

会议室顶造型

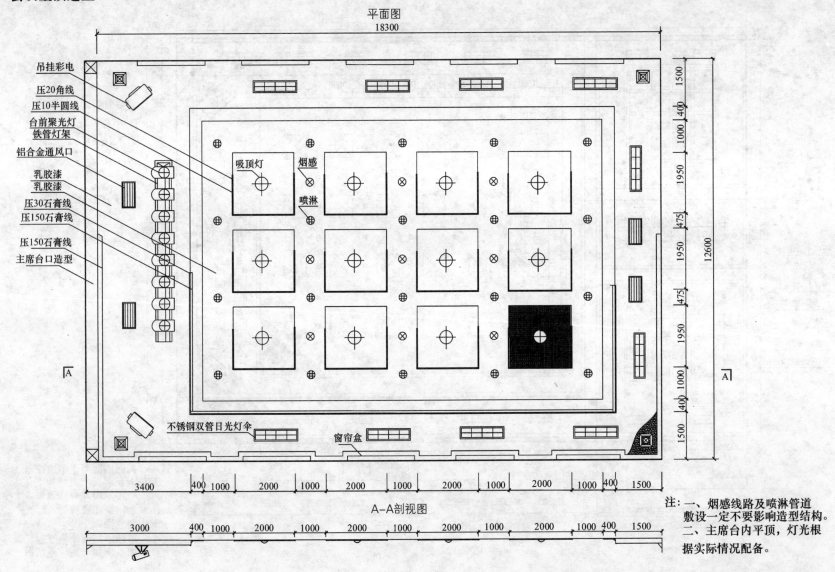

平面图
18300

吊挂彩电
压20角线
压10半圆线
台前聚光灯
铁管灯架
铝合金通风口
乳胶漆
乳胶漆
压30石膏线
压150石膏线
压150石膏线
主席台口造型

吸顶灯　　烟感
喷淋

不锈钢双管日光灯伞
窗帘盒

1500
400
1000
1950
475
1950
475
1950
400
1500
12600

3400　400 1000　2000　1000　2000　1000　2000　1000　2000　1000 400　1500

A—A剖视图

3000　400 1000　2000　1000　2000　1000　2000　1000　2000　1000 400　1500

注：一、烟感线路及喷淋管道
敷设一定不要影响造型结构。
二、主席台内平顶，灯光根
据实际情况配备。

30

会议室顶造型

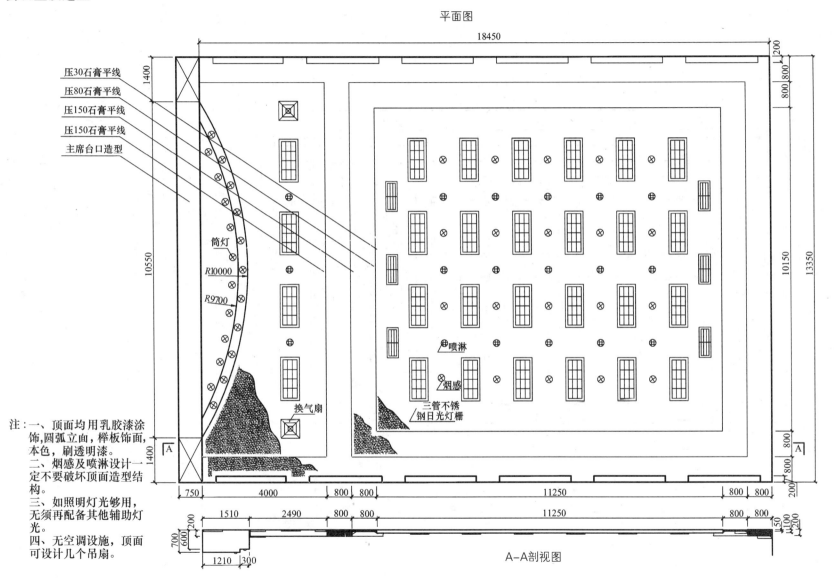

平面图

压30石膏平线
压80石膏平线
压150石膏平线
压150石膏平线
主席台口造型

筒灯
R10000
R9700

换气扇

18450

1400

10550

1400

200
800
800
800
10150
13350
800
800
200

喷淋
烟感
三管不锈
钢日光灯栅

注：一、顶面均用乳胶漆涂
饰,圆弧立曲,榉板饰面,
本色,刷透明漆。
二、烟感及喷淋设计一
定不要破坏顶面造型结
构。
三、如照明灯光够用,
无须再配备其他辅助灯
光。
四、无空调设施,顶面
可设计几个吊扇。

750 4000 800 800 11250 800 800

1510 2490 800 800 11250 800 800

200
700
600
1210 300

450
100
200

A—A剖视图

31

会议室顶造型

平面图

14000

吸顶式单管40W日光灯（带无管罩）

射灯

通风口

换气扇

压150石膏线

压30石膏线

压150石膏线

压30石膏线

主席台后面墙面造型

射灯

注：一、如果需要安装中央空调及喷淋设施时，其设计管道和线路铺设一定不要破坏顶面造型效果。
二、此小会议室配备立式电视亦可。
三、如标高不够可根据实际情况调整造型层次结构。顶面均刷白色乳胶漆。

A-A剖视图

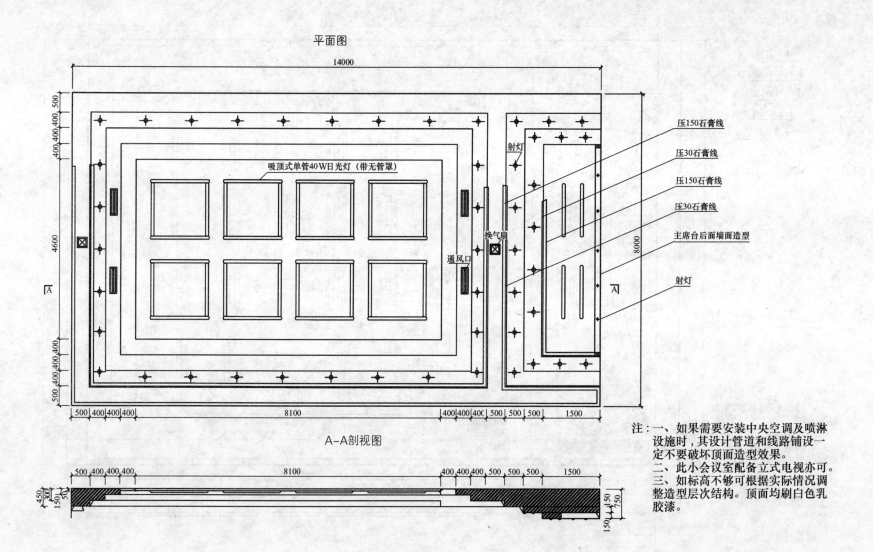

营业厅顶造型

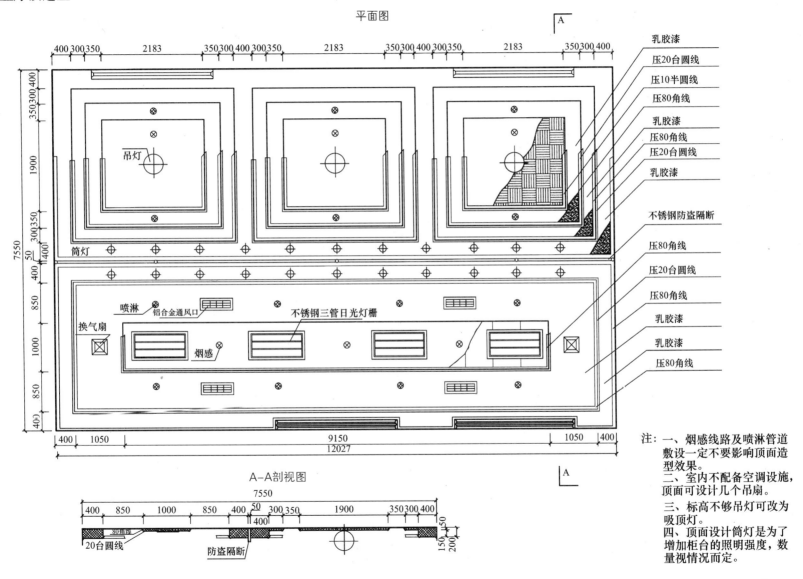

平面图

乳胶漆
压20台圆线
压10半圆线
压80角线
乳胶漆
压80角线
压20台圆线
乳胶漆

不锈钢防盗隔断

压80角线
压20台圆线
压80角线
乳胶漆
乳胶漆
压80角线

吊灯
筒灯
喷淋
铝合金通风口
不锈钢三管日光灯栅
换气扇
烟感

A-A剖视图

80角线
20台圆线
防盗隔断

注：一、烟感线路及喷淋管道
敷设一定不要影响顶面造
型效果。
二、室内不配备空调设施，
顶面可设计几个吊扇。
三、标高不够吊灯可改为
吸顶灯。
四、顶面设计筒灯是为了
增加柜台的照明强度，数
量视情况而定。

33

综合厅顶造型

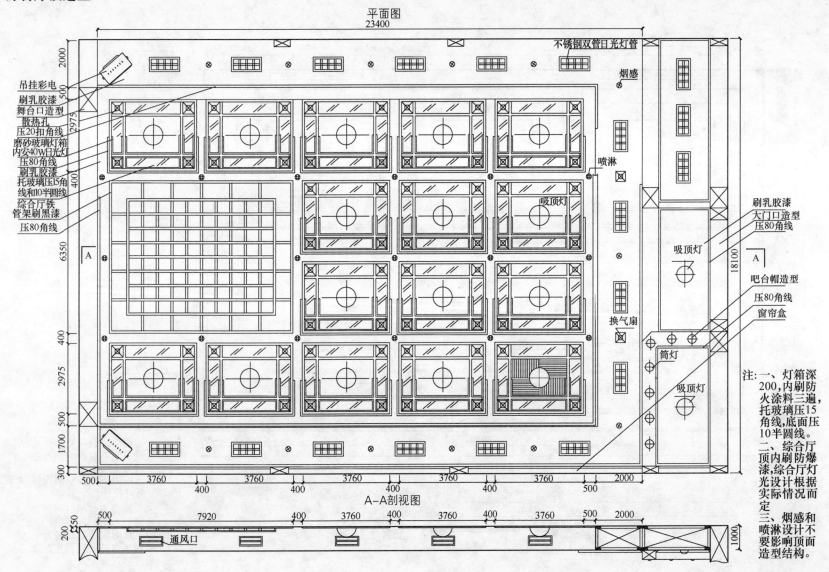

平面图
23400

吊挂彩电
刷乳胶漆
舞台口造型
散热孔
压20扣角线
磨砂玻璃灯箱
内安40W日光灯
压80角线
刷乳胶漆
托玻璃压15角
线和10半圆线
综合厅铁
管架刷黑漆
压80角线

不锈钢双管日光灯管

烟感

喷淋

吸顶灯

吸顶灯

换气扇

吸顶灯

刷乳胶漆
大门口造型
压80角线

吧台帽造型
压80角线

窗帘盒

筒灯

2000
500
2975
400
6350
400
2975
500
1700
300

18100
1000

500 3760 3760 3760 3760 3760 2000
400 400 400 400 500

A—A剖视图

500 7920 400 3760 400 3760 500 2000

200 250

通风口

注:一、灯箱深
200,内刷防
火涂料三遍,
托玻璃压15
角线,底面压
10半圆线。
二、综合厅
顶内刷防爆
漆,综合厅灯
光设计根据
实际情况而
定。
三、烟感和
喷淋设计不
要影响顶面
造型结构。

34

走廊顶造型

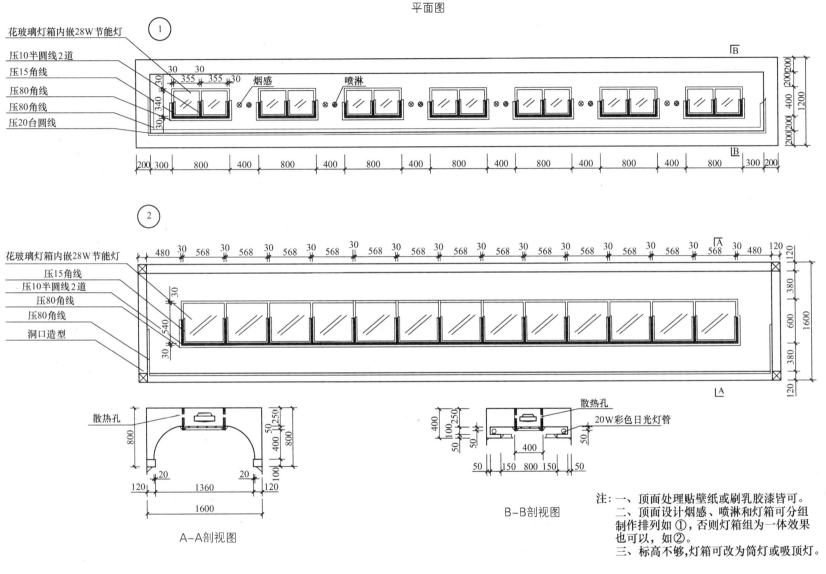

平面图

花玻璃灯箱内嵌28W节能灯
压10半圆线2道
压15角线
压80角线
压80角线
压20台圆线

烟感　喷淋

花玻璃灯箱内嵌28W节能灯
压15角线
压10半圆线2道
压80角线
压80角线
洞口造型

散热孔

A-A剖视图

散热孔
20W彩色日光灯管

B-B剖视图

注：一、顶面处理贴壁纸或刷乳胶漆皆可。
　　二、顶面设计烟感、喷淋和灯箱可分组
　　　　制作排列如①，否则灯箱组为一体效果
　　　　也可以，如②。
　　三、标高不够,灯箱可改为筒灯或吸顶灯。

走廊顶造型

正视图

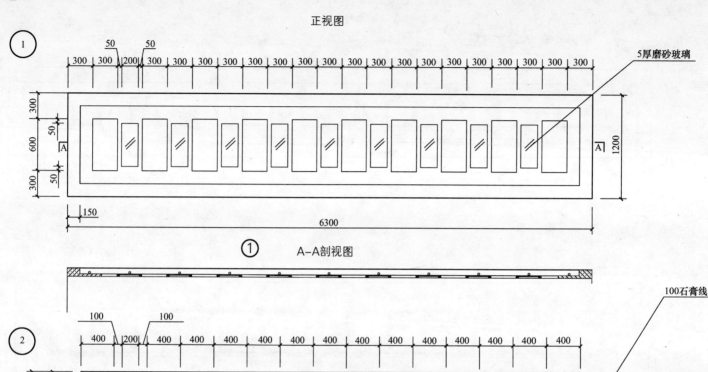

① 正视图

5厚磨砂玻璃

50 50
300 300 200 300 300 300 300 300 300 300 300 300 300 300 300 300 300 300 300

300
50
600
A
300
50

1200

150
6300

① A-A剖视图

100石膏线

100 100
400 200 400 400 400 400 400 400 400 400 400 400 400 400

400
400 B
1200
400

筒灯

6000

B

注：顶面层均刷白
色乳胶漆，造
型根据尺寸延
长或缩短。

② B-B剖视图

50
30

四季厅玻璃采光屋面顶边造型

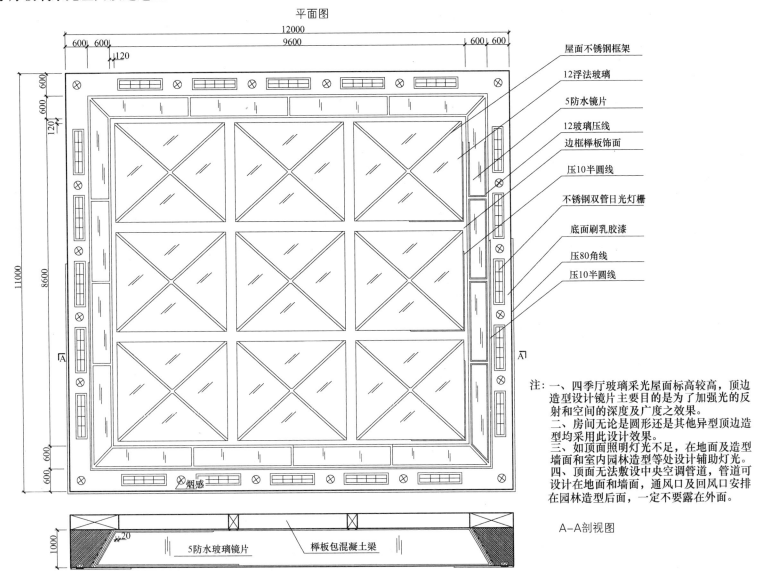

平面图

屋面不锈钢框架

12浮法玻璃

5防水镜片

12玻璃压线

边框榉板饰面

压10半圆线

不锈钢双管日光灯栅

底面刷乳胶漆

压80角线

压10半圆线

烟感

注：一、四季厅玻璃采光屋面标高较高，顶边
造型设计镜片主要目的是为了加强光的反
射和空间的深度及广度之效果。
二、房间无论是圆形还是其他异型顶边造
型均采用此设计效果。
三、如顶面照明灯光不足，在地面及造型
墙面和室内园林造型等处设计辅助灯光。
四、顶面无法敷设中央空调管道，管道可
设计在地面和墙面，通风口及回风口安排
在园林造型后面，一定不要露在外面。

A—A剖视图

5防水玻璃镜片

榉板包混凝土梁

大厅、四季厅玻璃采光屋面顶造型

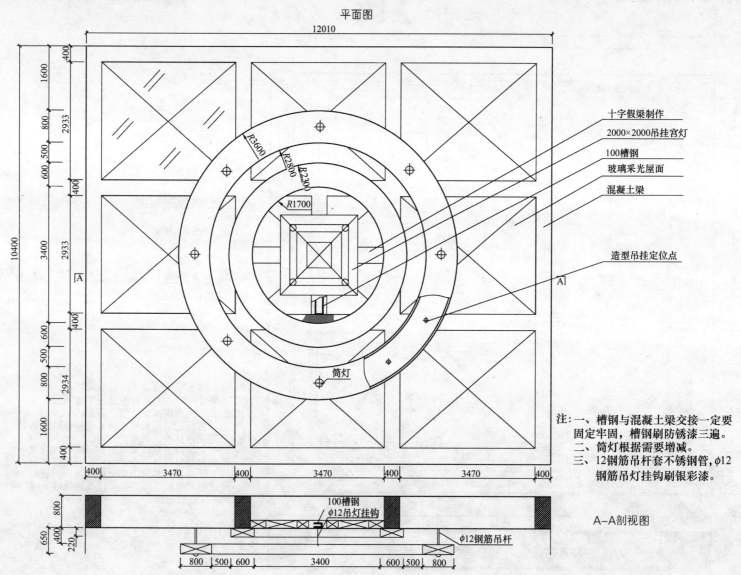

平面图

十字假梁制作

2000×2000吊挂宫灯

100槽钢

玻璃采光屋面

混凝土梁

造型吊挂定位点

筒灯

注：一、槽钢与混凝土梁交接一定要
固定牢固，槽钢刷防锈漆三遍。
二、筒灯根据需要增减。
三、12钢筋吊杆套不锈钢管，ϕ12
钢筋吊灯挂钩刷银彩漆。

100槽钢
ϕ12吊灯挂钩

ϕ12钢筋吊杆

A-A剖视图

大厅圆顶造型

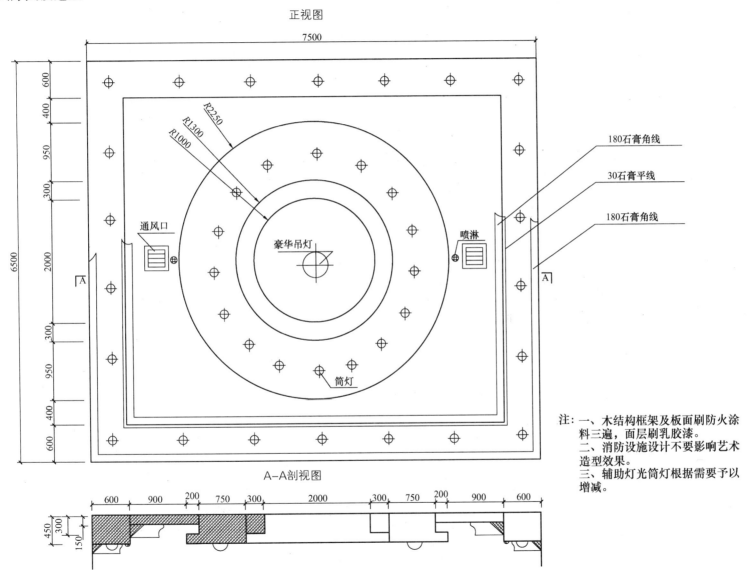

正视图

7500

600
400
950
300
2000
300
950
400
600

6500

R2250
R1300
R1000

180石膏角线

30石膏平线

180石膏角线

通风口

豪华吊灯

喷淋

筒灯

A

A

A-A剖视图

600 900 200 750 300 2000 300 750 200 900 600

450
300
150

注：一、木结构框架及板面刷防火涂料三遍，面层刷乳胶漆。
二、消防设施设计不要影响艺术造型效果。
三、辅助灯光筒灯根据需要予以增减。

门厅圆顶造型

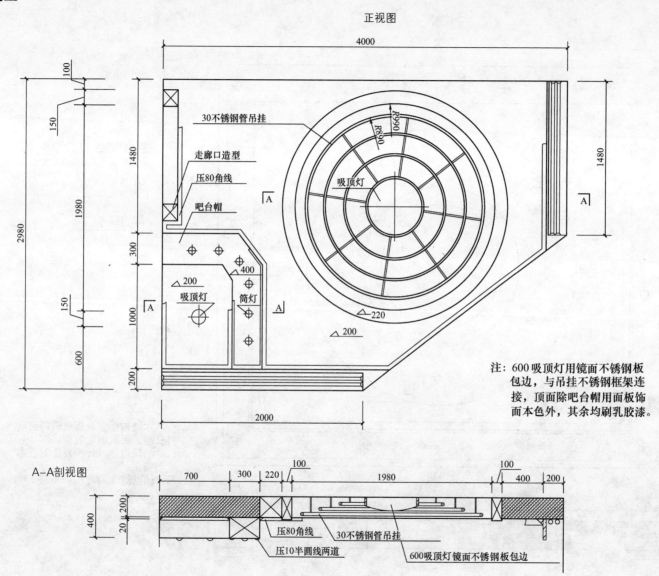

正视图

4000

100

150

1480

1980

2980

150

1000

600

200

30不锈钢管吊挂

走廊口造型

压80角线

吧台帽

300

400

△200

吸顶灯

筒灯

吸顶灯

R990

R890

1480

△220

△200

2000

注：600吸顶灯用镜面不锈钢板
包边，与吊挂不锈钢框架连
接，顶面除吧台帽用面板饰
面本色外，其余均刷乳胶漆。

A—A剖视图

700   300   220   100   1980   100   400   200

20   200   400

压80角线

压10半圆线两道

30不锈钢管吊挂

600吸顶灯镜面不锈钢板包边

40

门厅异型顶造型

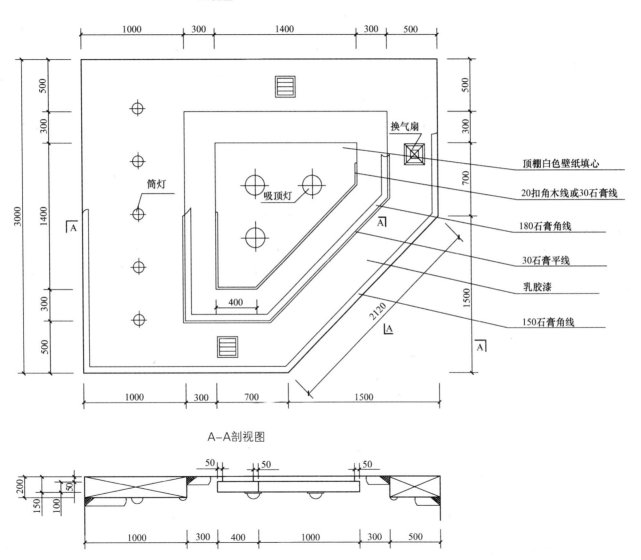

正视图

换气扇

筒灯

吸顶灯

400

2120

1500

3000

500
300
1400
300
500

1000　300　1400　300　500

1000　300　700　1500

顶棚白色壁纸填心

20扣角木线或30石膏线

180石膏角线

30石膏平线

乳胶漆

150石膏角线

A—A剖视图

50　50　50

200
150
100
50

1000　300　400　1000　300　500

墙面造型

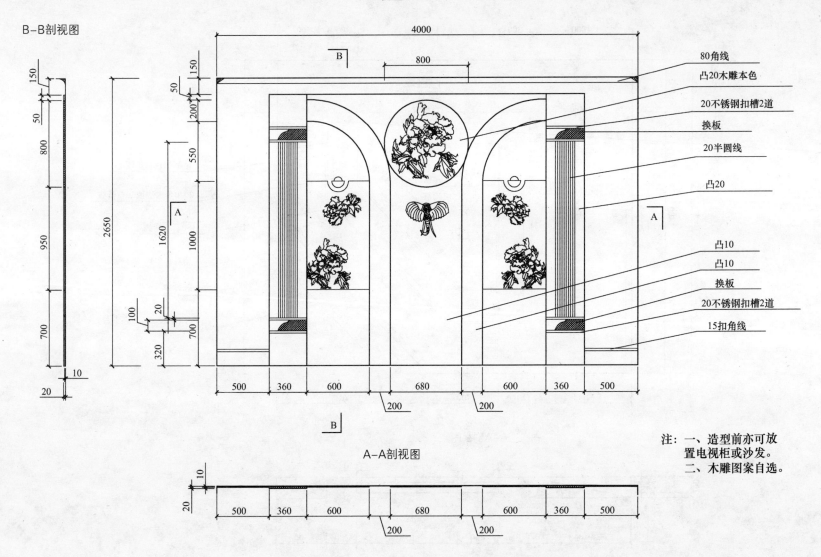

B-B剖视图

正视图

4000

800

150

50

200

550

1000

1620

2650

800

950

700

100

20

320

700

150

50

500　360　600　680　600　360　500

200　200

10

20

80角线

凸20木雕本色

20不锈钢扣槽2道

换板

20半圆线

凸20

凸10

凸10

换板

20不锈钢扣槽2道

15扣角线

A-A剖视图

10

20

500　360　600　680　600　360　500

200　200

注：一、造型前亦可放
置电视柜或沙发。
二、木雕图案自选。

墙面造型

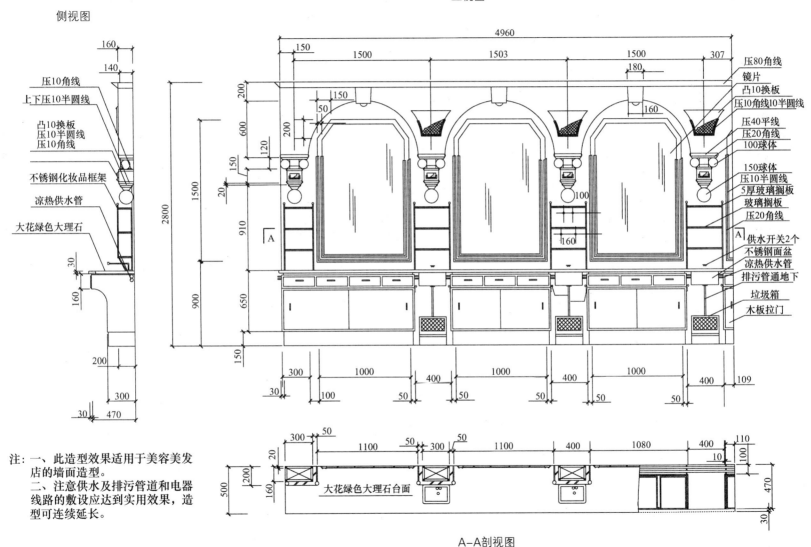

侧视图

正视图

160
140
压10角线
上下压10半圆线
凸10换板
压10半圆线
压10角线
不锈钢化妆品框架
凉热供水管
大花绿色大理石
30
160
200
300
30　470

4960
150　1500　1503　1500　307
压80角线
镜片
凸10换板
压10角线10半圆线
200
600
120
150　50
200
150
20
180
160
100
压40平线
压20角线
100球体
150球体
压10半圆线
5厚玻璃搁板
玻璃搁板
压20角线
供水开关2个
不锈钢面盆
凉热供水管
排污管通地下
垃圾箱
木板拉门
910
650
900
1500
2800
150
A
A
160
300　1000　400　1000　400　1000　400　109
30　100　50　50　50　50

注：一、此造型效果适用于美容美发
　　店的墙面造型。
　　二、注意供水及排污管道和电器
　　线路的敷设应达到实用效果，造
　　型可连续延长。

300　50　50　300　50　1100　400　1080　400　110
20　10
200　160　100
500　大花绿色大理石台面　470
30

A-A剖视图

43

墙面造型

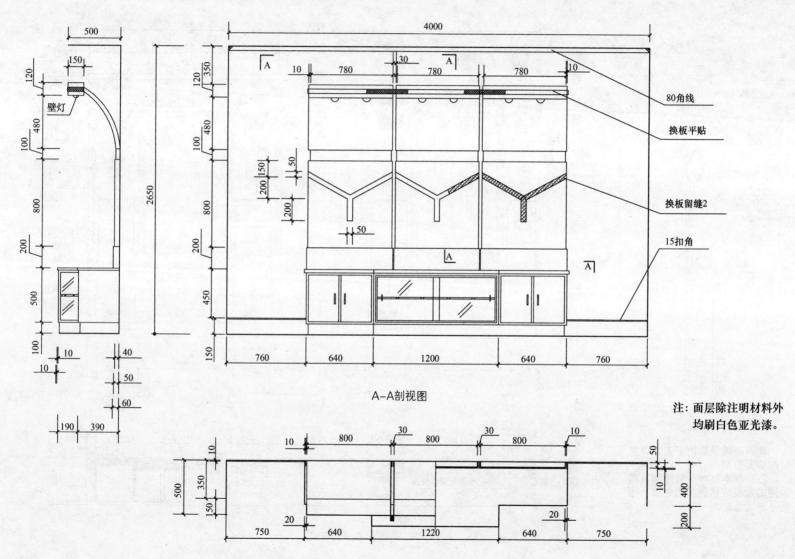

侧视图

正视图

A-A剖视图

壁灯

500

150

120

120

480

100

800

200

500

100

10

10

40

50

60

190

390

4000

350

120

480

100

800

200

450

150

2650

10

780

30

780

780

10

A

A

A

A

50

200

150

50

200

200

50

760

640

1200

640

760

80角线

换板平贴

换板留缝2

15扣角

10

800

30

800

30

800

10

50

10

400

200

500

350

150

20

20

750

640

1220

640

750

注：面层除注明材料外
均刷白色亚光漆。

44

墙面造型

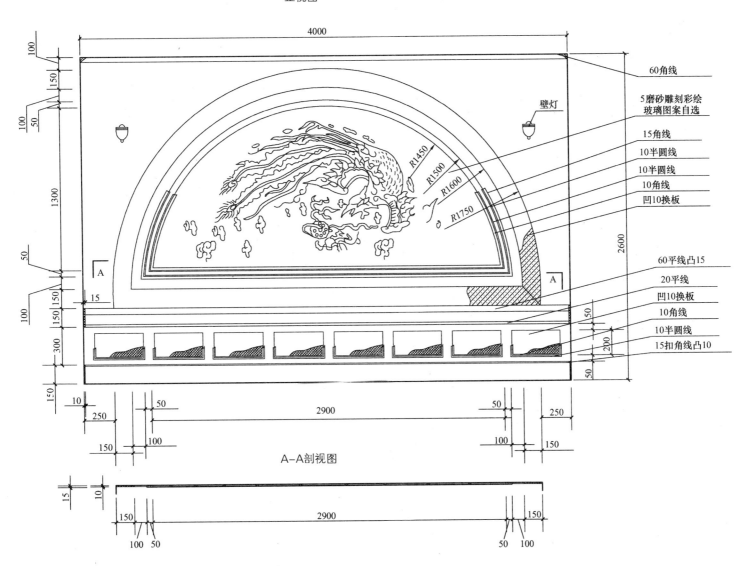

正视图

4000

100

150

100

50

1300

50

100

150

150

100

300

150

10

250

150

100

50

R1450

R1500

R1600

R1750

15

A

A

2900

2600

60角线

5磨砂雕刻彩绘
玻璃图案自选

15角线

10半圆线

10半圆线

10角线

凹10换板

60平线凸15

20平线

凹10换板

10角线

10半圆线

15扣角线凸10

壁灯

50

200

50

50

100

250

100

150

A–A剖视图

15

10

150

100 50

2900

150

50 100

45

墙面造型

正视图

B-B剖视图

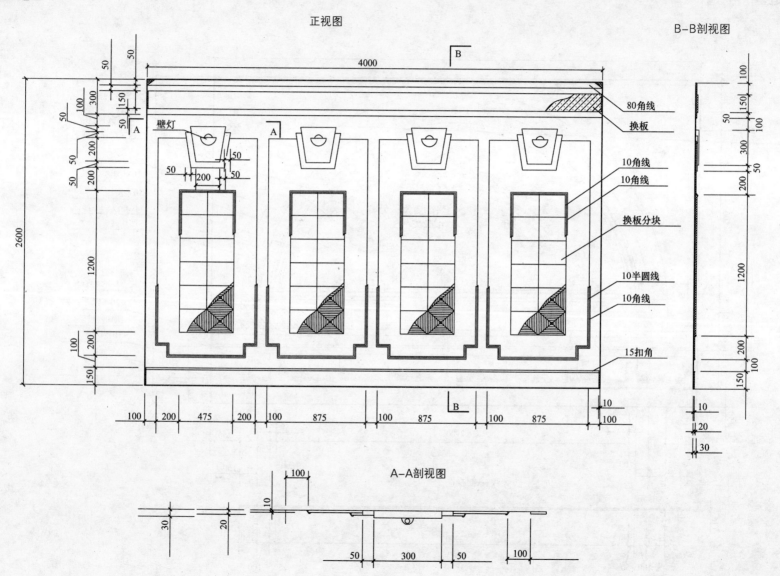

壁灯

80角线
换板
10角线
10角线
换板分块
10半圆线
10角线
15扣角

A-A剖视图

50 300 50 100

墙面造型

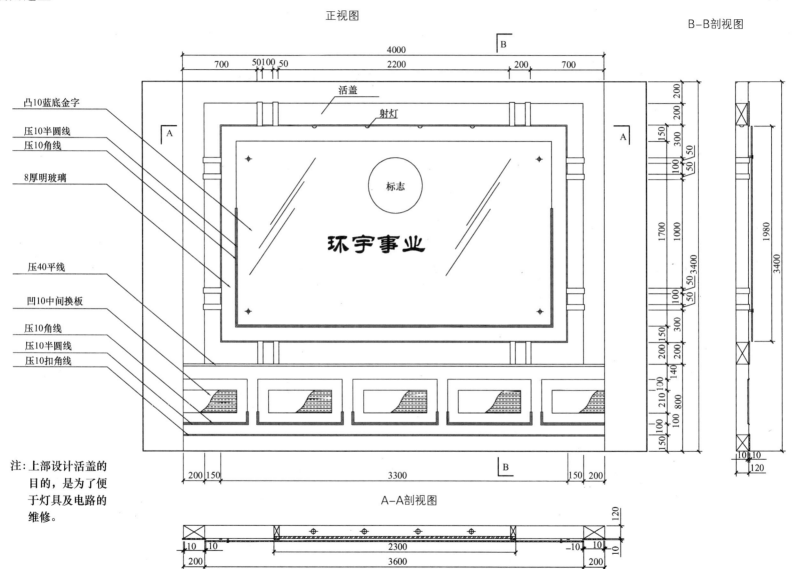

正视图

B-B剖视图

凸10蓝底金字

压10半圆线

压10角线

8厚明玻璃

压40平线

凹10中间换板

压10角线

压10半圆线

压10扣角线

活盖

射灯

标志

环宇事业

注：上部设计活盖的
目的，是为了便
于灯具及电路的
维修。

A-A剖视图

墙面造型

正视图

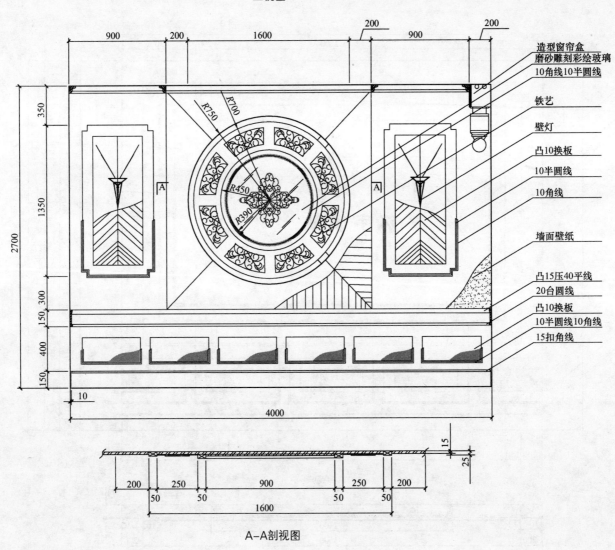

造型窗帘盒
磨砂雕刻彩绘玻璃
10角线10半圆线

铁艺

壁灯

凸10换板

10半圆线

10角线

墙面壁纸

凸15压40平线

20台圆线

凸10换板

10半圆线10角线

15扣角线

A—A剖视图

墙面造型

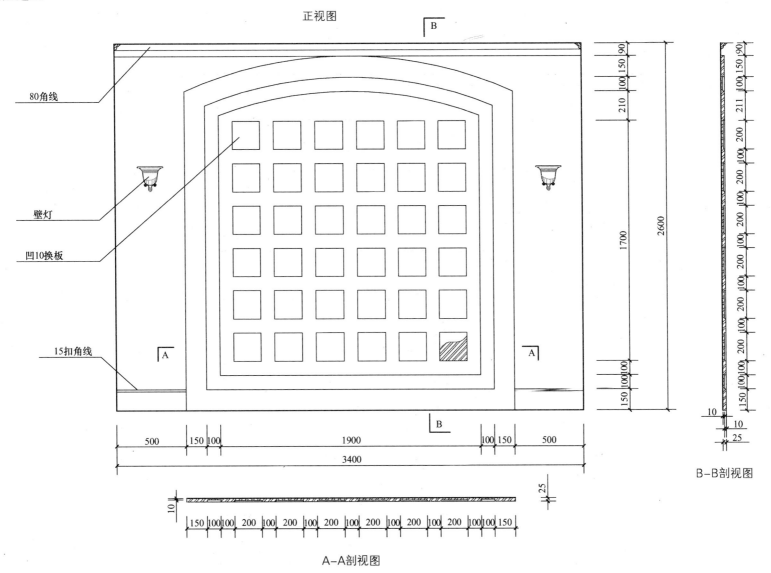

正视图

80角线

壁灯

凹10换板

15扣角线

A—A剖视图

B—B剖视图

墙面造型

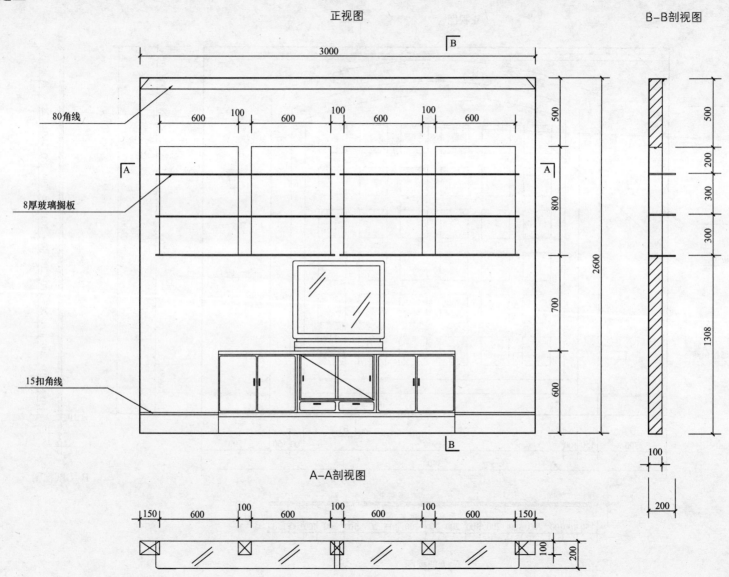

正视图

3000

B

80角线

600 100 600 100 600 100 600

500

A

A

8厚玻璃搁板

800

2600

700

15扣角线

600

B

B-B剖视图

500

200

300

300

1308

100

200

A-A剖视图

150 600 100 600 100 600 100 600 150

100

200

50

墙面造型

正视图

B-B剖视图

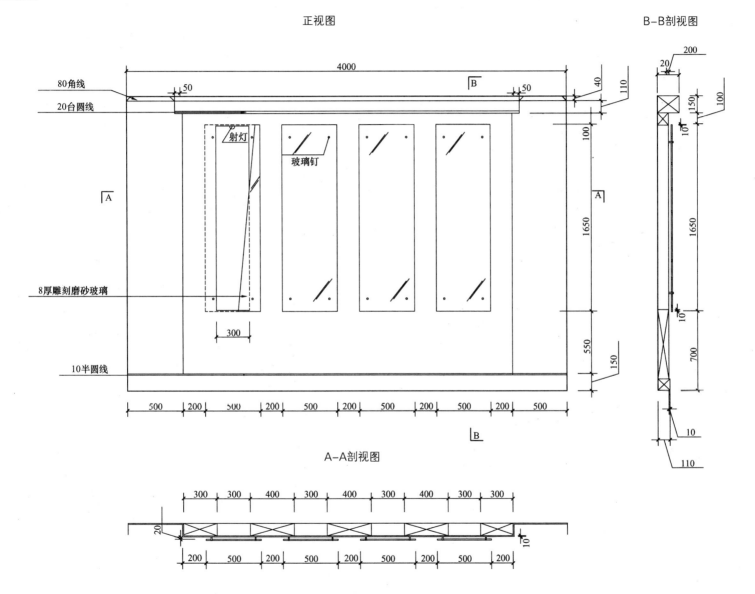

A-A剖视图

墙面造型

正视图

B-B剖视图

80角线

雕花图案,自选

R240

R340

200

300

150

340

720

240

100

2602

150

333

15

1372

333

15

333

15

200

333

15

150

333

15

480

200

880

880

880

333

100

200

100

100

100

100

B

300

225

A-A剖视图

15

10

200 235 235 200

100 10 100

墙面造型

正视图

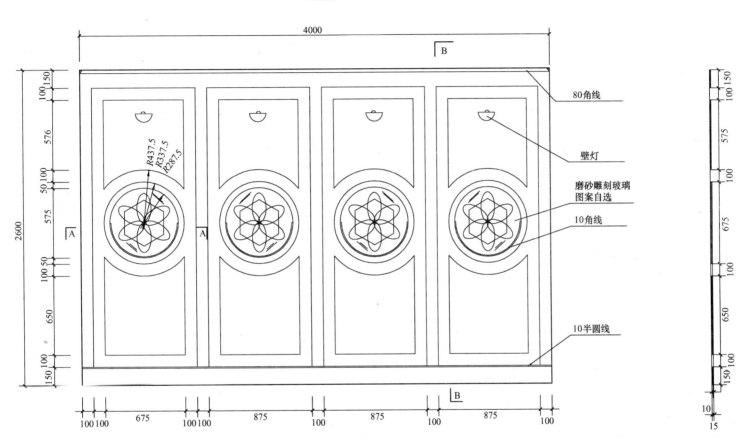

B-B剖视图

4000

80角线

壁灯

磨砂雕刻玻璃
图案自选

10角线

10半圆线

100 150
576
50 100
575
100 50
650
150 100

2600

R437.5
R337.5
R287.5

A

B

100 150
575
100
675
100
650
150 100
10
15

100 100 675 100 100 875 100 875 100 875 100

A-A剖视图

100 100 675 100 100

15 10

注:面层刷真石漆,色调根据总体设计
基调而定,达到协调统一。

墙面造型

正视图

A-A剖面图

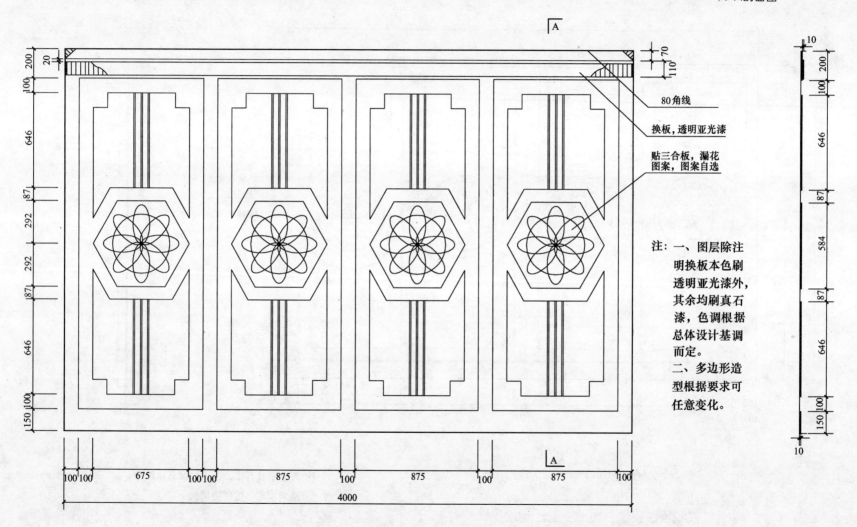

80角线

换板，透明亚光漆

贴三合板，漏花
图案，图案自选

注：一、图层除注
明换板本色刷
透明亚光漆外，
其余均刷真石
漆，色调根据
总体设计基调
而定。
二、多边形造
型根据要求可
任意变化。

墙面造型

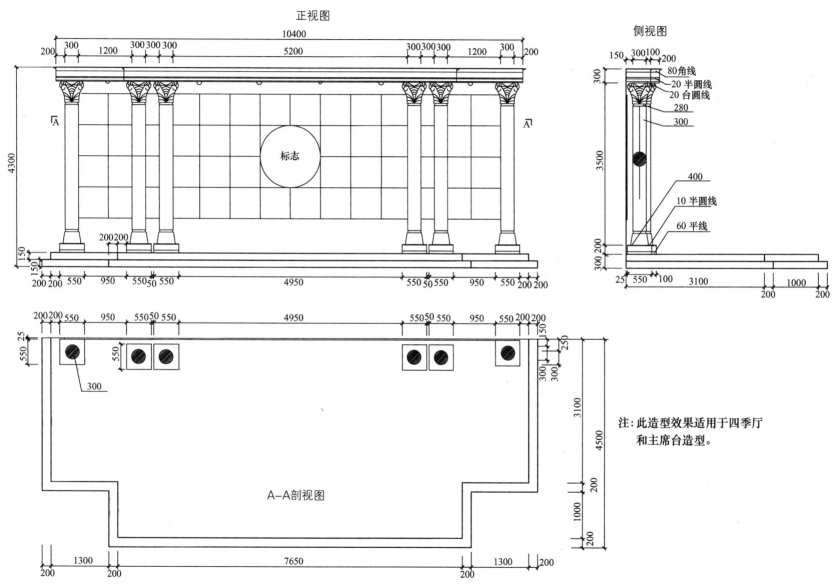

正视图

10400

5200

A—A剖视图

侧视图

80角线
20 半圆线
20 台圆线
280
300
400
10 半圆线
60 平线

标志

注:此造型效果适用于四季厅
和主席台造型。

墙面造型

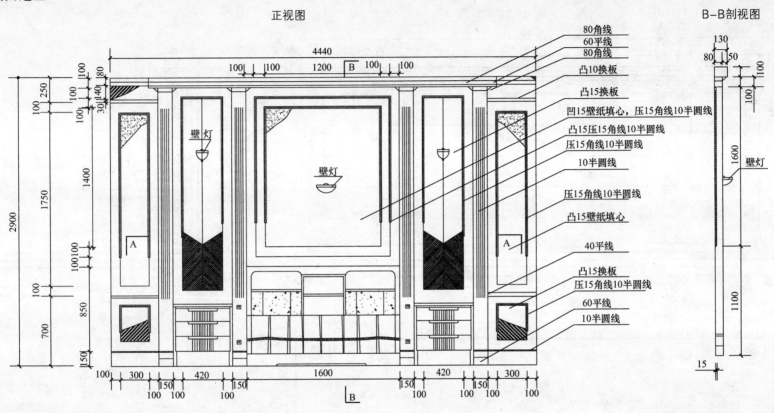

正视图

B-B剖视图

80角线
60平线
80角线
凸10换板
凸15换板
凹15壁纸填心，压15角线10半圆线
凸15压15角线10半圆线
压15角线10半圆线
10半圆线
压15角线10半圆线
凸15壁纸填心
40平线
凸15换板
压15角线10半圆线
60平线
10半圆线

壁灯

壁灯

壁灯

A-A剖视图

注:床和床头柜自选，
壁纸颜色自选。

墙面造型

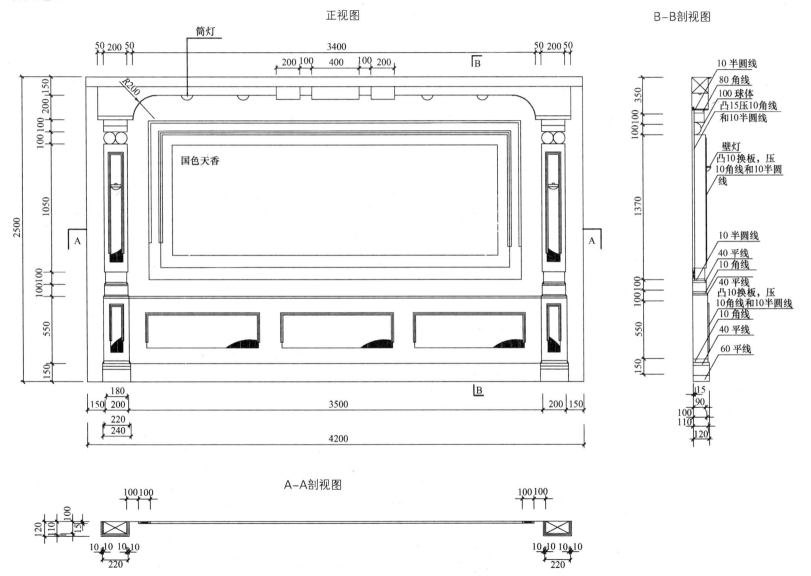

正视图

筒灯

50 200 50

3400

200 100 400 100 200

B

50 200 50

R200

国色天香

A

A

2500

1050

100 100

550

150

100 150

100 100 200 150

180

150 200

220
240

3500

B

200 150

4200

B-B剖视图

10 半圆线
80 角线
100 球体
凸15压10角线
和10半圆线

壁灯
凸10换板, 压
10角线和10半圆
线

10 半圆线
40 平线
10 角线
40 平线
凸10换板, 压
10角线和10半圆线
10 角线
40 平线
60 平线

350

100 100

1370

100 100

550

150

115
90

100
110

120

A-A剖视图

100 100

100 100

120
110
15

100

10 10 10 10
220

10 10 10 10
220

墙面造型

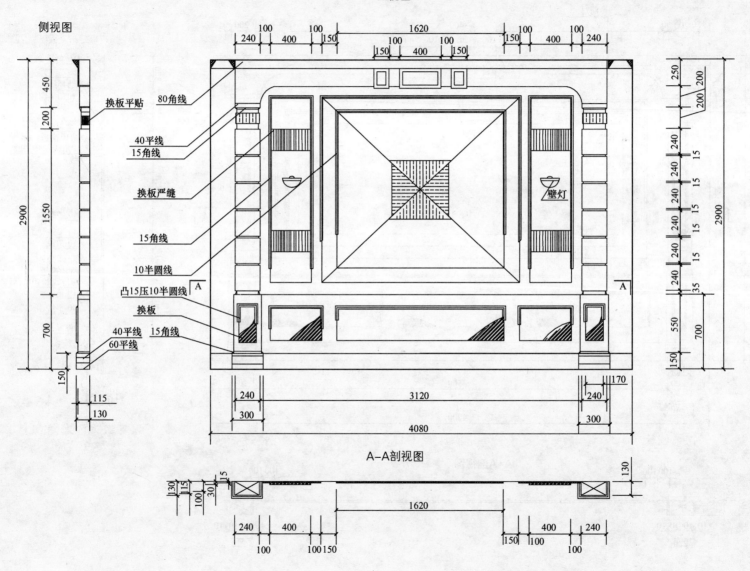

侧视图

正视图

80角线

40平线
15角线

换板平贴

换板严缝

15角线

10半圆线

凸15压10半圆线

换板

40平线
60平线

15角线

壁灯

A—A剖视图

墙面造型

正视图

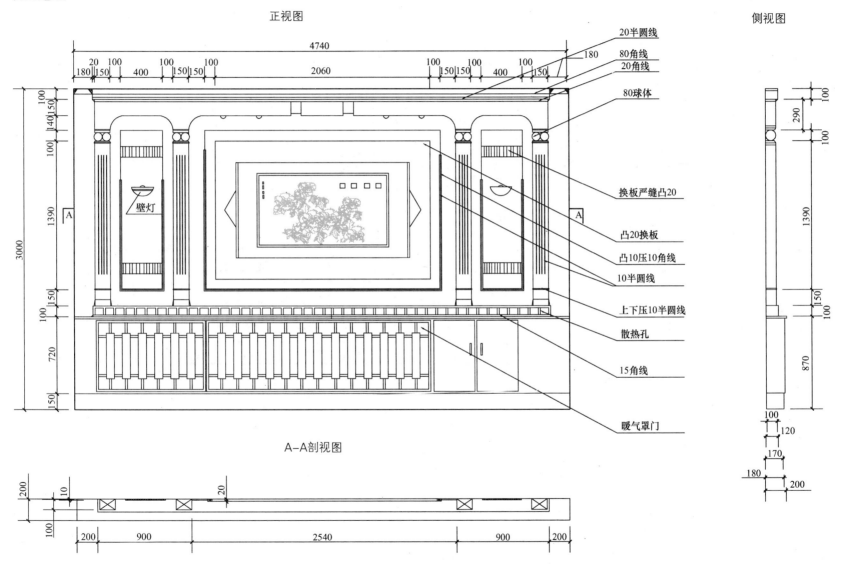

4740

20 100 100 100 100 100 100
180 150 400 150 150 2060 150 150 400 150 180

20半圆线
80角线
20角线

80球体

换板严缝凸20

凸20换板

凸10压10角线

10半圆线

上下压10半圆线

散热孔

15角线

暖气罩门

壁灯

A   A

3000

100
140 150
100
1390
150
100
720
150

侧视图

100
290
100
1390
150
100
870

100
120
170
180 200

A—A剖视图

200
10
20
100
200 900 2540 900 200

59

墙面造型

正视图

80角线

80角线

10半圆线

15角线

换板平贴

10半圆线

15角线

10半圆线

15角线

40平线

60平线

筒灯

1118

500

400

100

118

100

250

270

100

200

85
100
115
130
220

10 150

50
130

3120

50 10

75 150 75

150 50 400 50 150

420 200 580 200 420

150 150 150

300

300

620

150

330

150

500

650

150

1250

30 350 150 1520 150 350 150 150 30

15 180 15

150

15 180 15

3180

A–A剖视图

无框玻璃门

130
115
100

150
180

210

15

350 420 980 420 350

2520

220

墙面造型

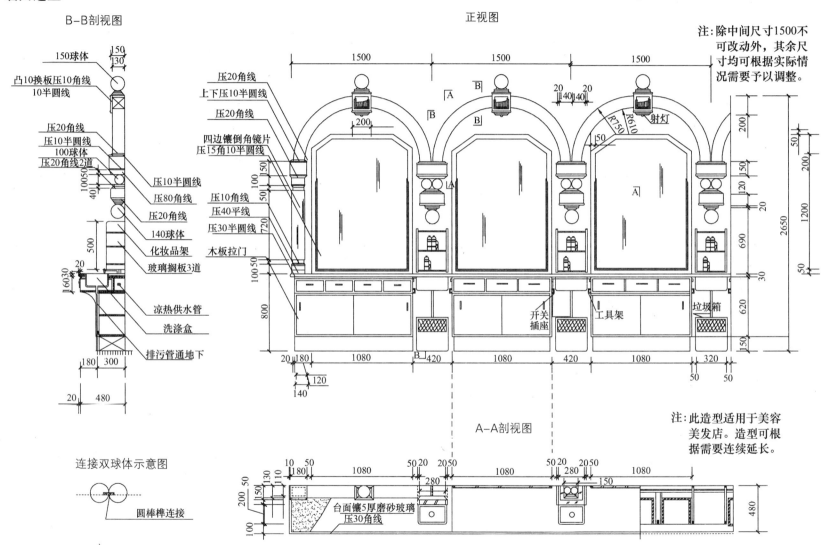

B-B剖视图

150球体

凸10换板压10角线
10半圆线

压20角线
压10半圆线
100球体
压20角线2道

压10半圆线
压80角线
压20角线
140球体
化妆品架
玻璃搁板3道

凉热供水管
洗涤盒

排污管通地下

连接双球体示意图

圆棒榫连接

正视图

1500   1500   1500

注:除中间尺寸1500不
可改动外,其余尺
寸均可根据实际情
况需要予以调整。

压20角线
上下压10半圆线
压20角线

四边镶倒角镜片
压15角10半圆线

压10角线
压40平线
压30半圆线
木板拉门

射灯

R750 R610

开关
插座

工具架

垃圾箱

2650

1200

690

620

20 180   1080   420   1080   420   1080   320

120
140   50 50

A-A剖视图

注:此造型适用于美容
美发店。造型可根
据需要连续延长。

10 50   1080   50 20 20 50   1080   50 20 20 50   1080
180

280   280   150

台面镶5厚磨砂玻璃
压30角线

480

墙面造型

正视图　　　　　　　　　　　　　　　　　　　侧视图　　　　　　　　A-A剖视图

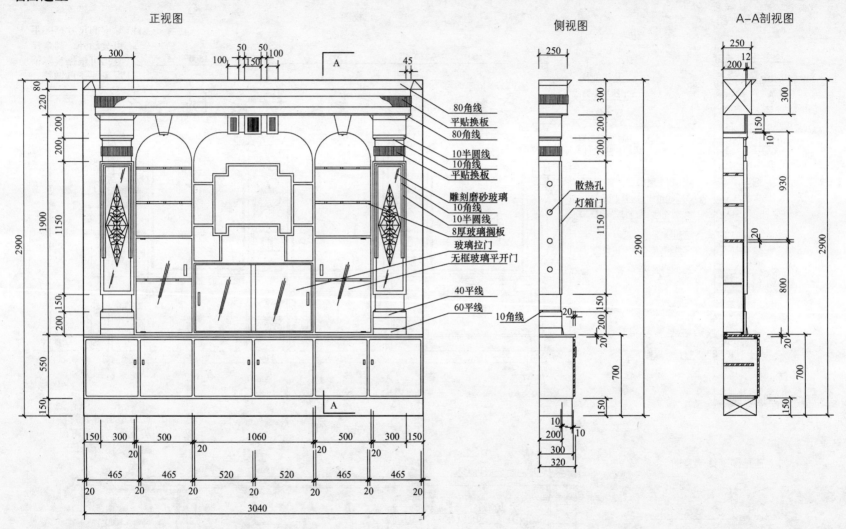

80角线
平贴换板
80角线

10半圆线
10角线
平贴换板

雕刻磨砂玻璃
10角线
10半圆线
8厚玻璃搁板
玻璃拉门
无框玻璃平开门

40平线
60平线
10角线

散热孔
灯箱门

墙面造型

正视图

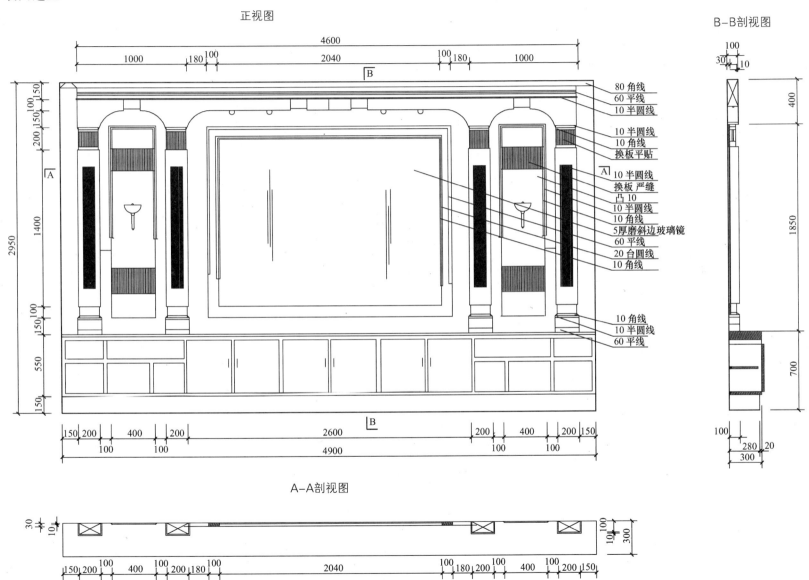

B-B剖视图

80 角线
60 平线
10 半圆线

10 半圆线
10 角线
换板平贴

10 半圆线
换板 严缝
凸 10
10 半圆线
10 角线
5厚磨斜边玻璃镜
60 平线
20 台圆线
10 角线

10 角线
10 半圆线
60 平线

A-A剖视图

墙面造型

正视图

B-B剖视图

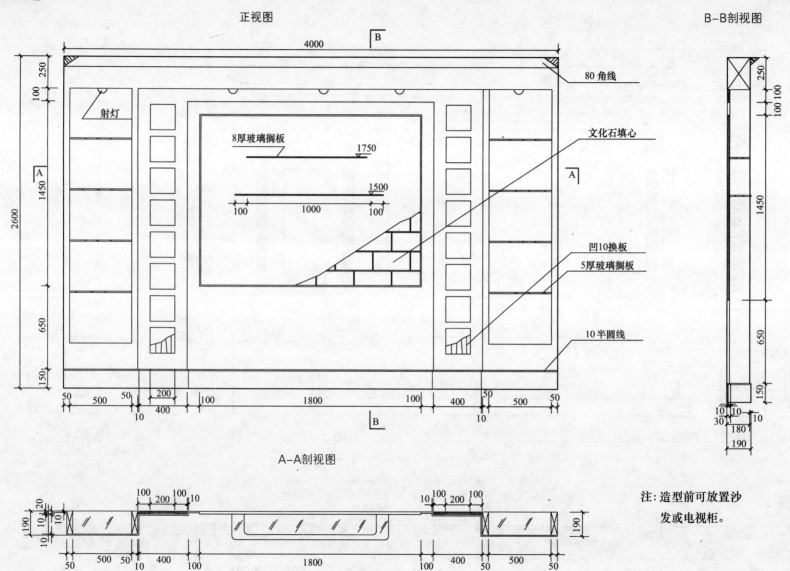

4000

250
100

80 角线

射灯

8厚玻璃搁板

1750

1500

100   1000   100

文化石填心

凹10换板

5厚玻璃搁板

10半圆线

2600

1450

650

150

50   500   50   200   100   1800   100   400   50   500   50

400

10   10

B

A-A剖视图

100 200 100 10   10 100 200 100

190

50   500   50   10   400   100   1800   100   400   50   500   50

注:造型前可放置沙
发或电视柜。

墙面造型

平面图

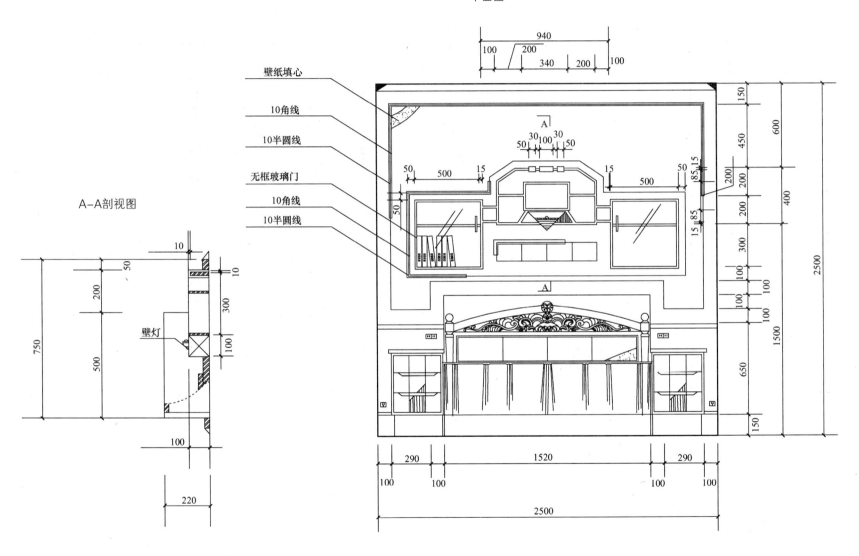

壁纸填心

10角线

10半圆线

无框玻璃门

10角线

10半圆线

A—A剖视图

壁灯

墙面造型

侧视图

正视图

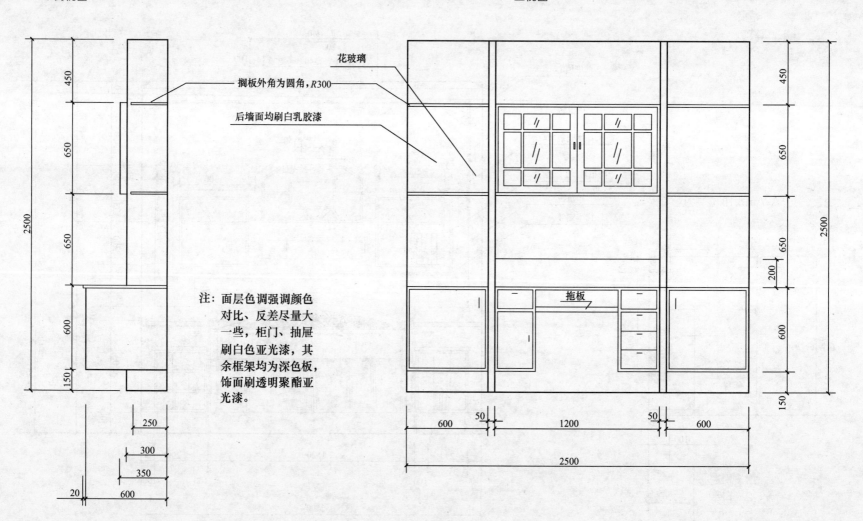

花玻璃

搁板外角为圆角，R300

后墙面均刷白乳胶漆

拖板

注：面层色调强调颜色
对比、反差尽量大
一些，柜门、抽屉
刷白色亚光漆，其
余框架均为深色板，
饰面刷透明聚酯亚
光漆。

墙面造型

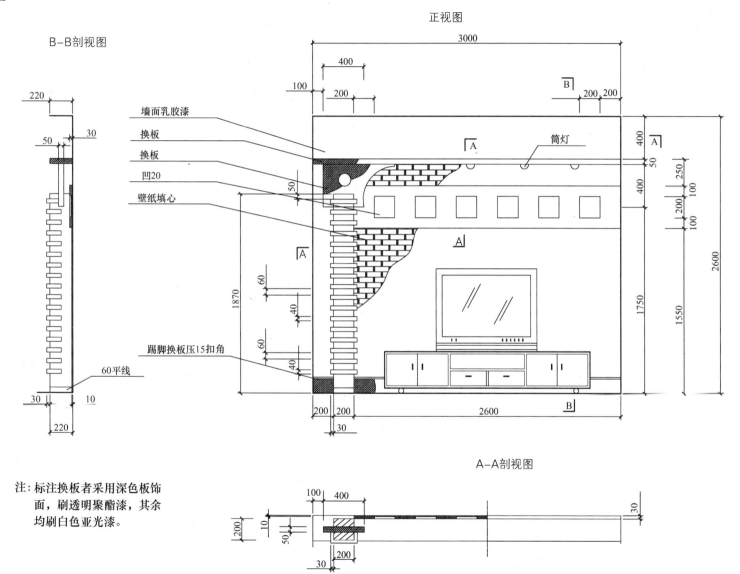

正视图

B-B剖视图

墙面乳胶漆
换板
换板
凹20
壁纸填心

踢脚换板压15扣角

60平线

筒灯

A-A剖视图

注：标注换板者采用深色板饰
　　面，刷透明聚酯漆，其余
　　均刷白色亚光漆。

67

墙面造型

正视图

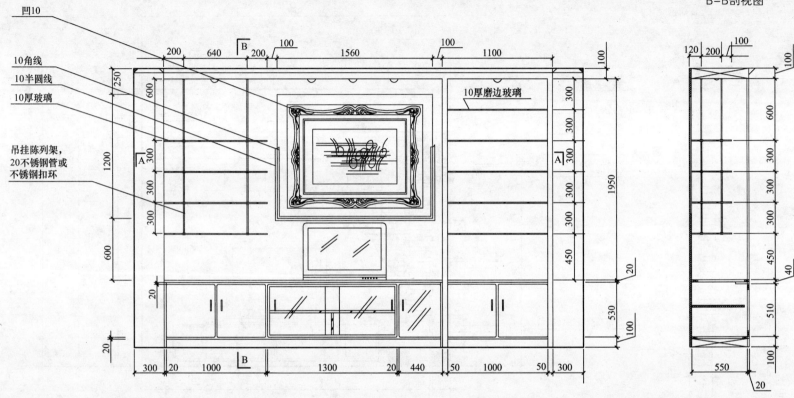

凹10

10角线

10半圆线

10厚玻璃

吊挂陈列架，
20不锈钢管或
不锈钢扣环

10厚磨边玻璃

200 640 200 100 1560 100 1100 100

250 600 1200 300 300 300 600

300 300 300 300 450 530 100 1950

300 20 1000 1300 20 440 50 1000 50 300

20 20

B-B剖视图

120 200 100 100

600 300 300 300 450 510 100

550 20

A-A剖视图

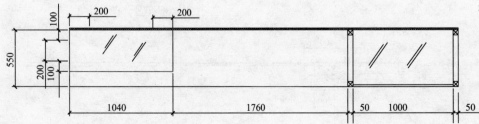

200 200

550 200 100

1040 1760 50 1000 50

注：陈列架玻璃隔板间距根据陈列品
　　需要尺寸予以调整。

68

墙面造型

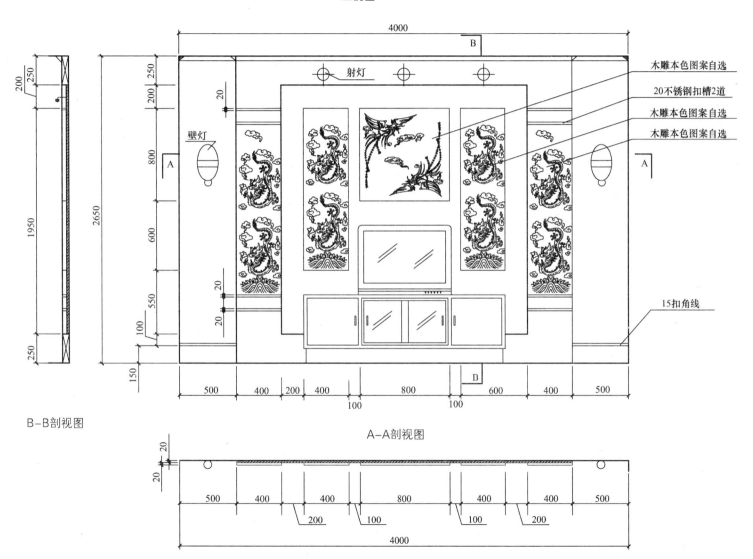

正视图

B—B剖视图

A—A剖视图

4000

射灯

壁灯

木雕本色图案自选

20不锈钢扣槽2道

木雕本色图案自选

木雕本色图案自选

15扣角线

200 250

1950

2650

250

250 200

800

600

550

100

250

150

20

20

20

20

500 400 200 400 800 600 400 500

100 100

500 400 400 800 400 400 500

200 100 100 200

4000

20

20

墙面造型

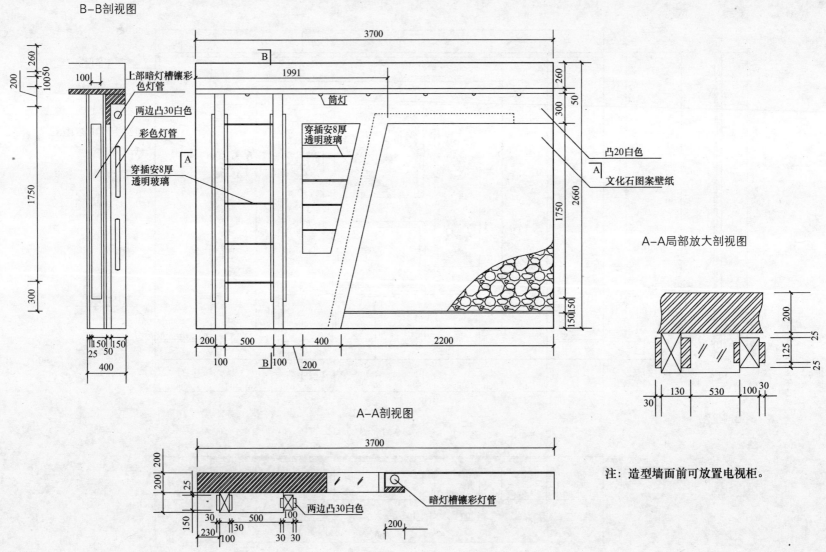

正视图

B-B剖视图

上部暗灯槽镶彩色灯管

两边凸30白色

彩色灯管

穿插安8厚透明玻璃

筒灯

穿插安8厚透明玻璃

凸20白色

文化石图案壁纸

A-A局部放大剖视图

A-A剖视图

两边凸30白色

暗灯槽镶彩灯管

注：造型墙面前可放置电视柜。

仿古式墙面造型

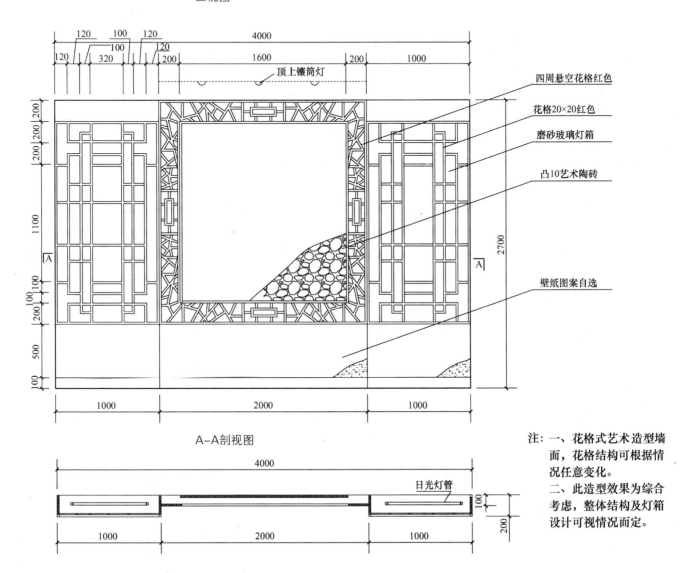

正视图

顶上镶筒灯

四周悬空花格红色

花格20×20红色

磨砂玻璃灯箱

凸10艺术陶砖

壁纸图案自选

A–A剖视图

日光灯管

注: 一、花格式艺术造型墙面，花格结构可根据情况任意变化。
二、此造型效果为综合考虑，整体结构及灯箱设计可视情况而定。

仿古式墙面造型

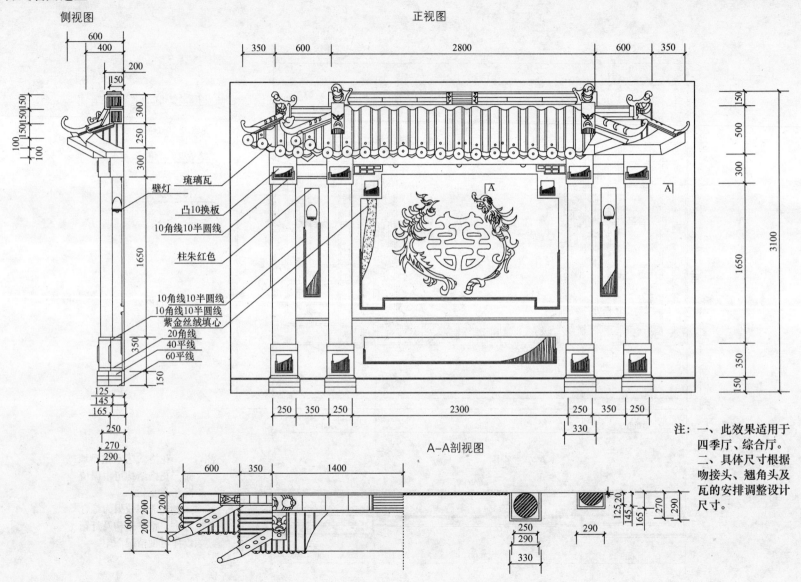

侧视图

正视图

琉璃瓦
壁灯
凸10换板
10角线10半圆线
柱朱红色

10角线10半圆线
10角线10半圆线
紫金丝绒填心
20角线
40平线
60平线

A—A剖视图

注：一、此效果适用于
四季厅、综合厅。
二、具体尺寸根据
吻接头、翘角头及
瓦的安排调整设计
尺寸。

仿古式墙面造型

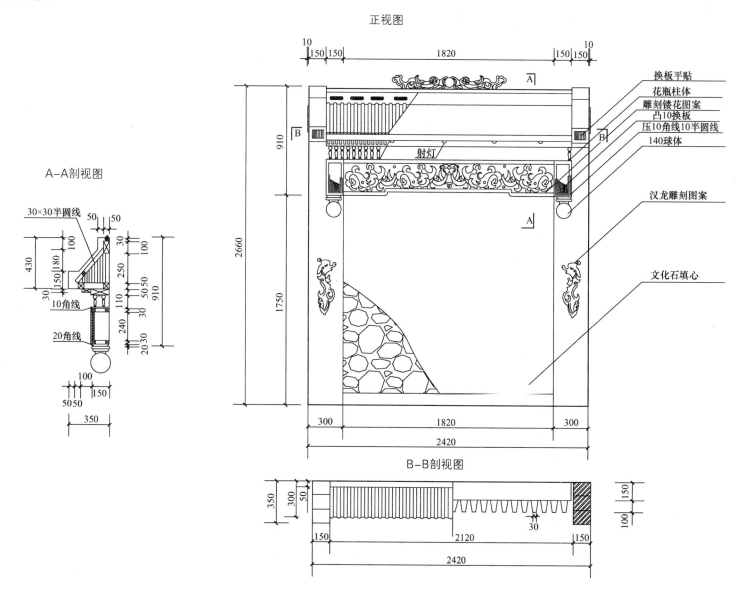

正视图

换板平贴
花瓶柱体
雕刻镂花图案
凸10换板
压10角线10半圆线
140球体

A—A剖视图

30×30半圆线

汉龙雕刻图案

文化石填心

射灯

B—B剖视图

四季厅墙面造型

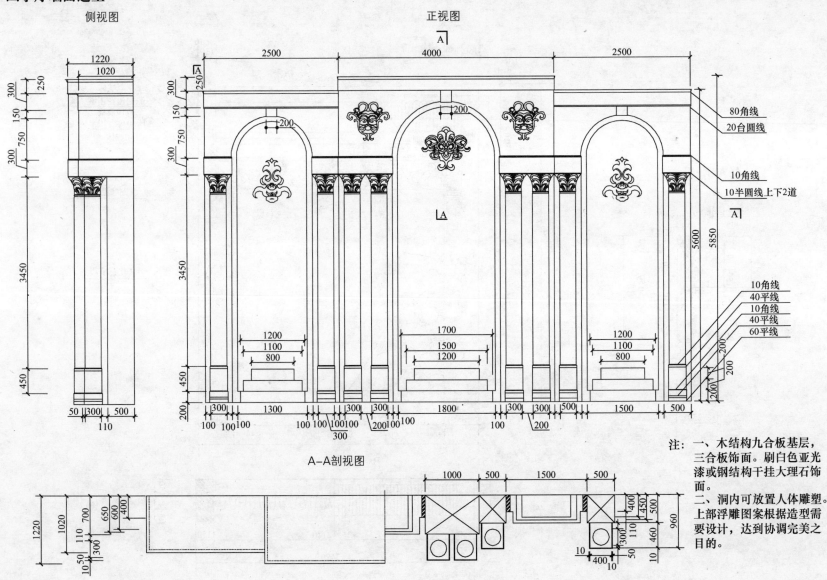

侧视图

正视图

A—A剖视图

注：一、木结构九合板基层，三合板饰面。刷白色亚光漆或钢结构干挂大理石饰面。
二、洞内可放置人体雕塑。上部浮雕图案根据造型需要设计，达到协调完美之目的。

80角线
20台圆线

10角线
10半圆线上下2道

10角线
40平线
10角线
40平线
60平线

墙面造型（鞋柜带美容镜）

① B-B剖视图

② 侧视图

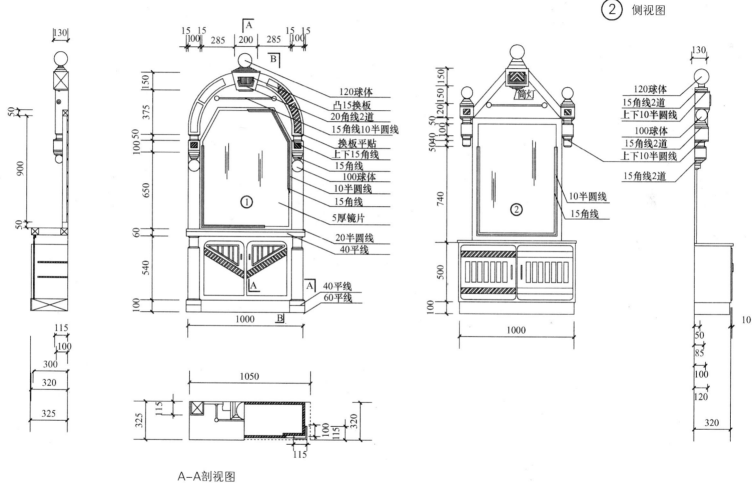

120球体
凸15换板
20角线2道
15角线10半圆线
换板平贴
上下15角线
15角线
100球体
10半圆线
15角线
5厚镜片
20半圆线
40平线

40平线
60平线

①

120球体
15角线2道
上下10半圆线
100球体
15角线2道
上下10半圆线
15角线2道

10半圆线
15角线

②

筒灯

A–A剖视图

四季厅仿古造型

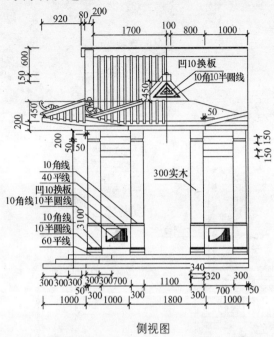

正视图

换板平贴压10半圆
凹10压10角和10半圆线

华堂留香

侧视图

10角线
40平线
凹10换板
10角线10半圆线
10角线
10半圆线
60平线

300实木

凹10换板
10角10半圆线

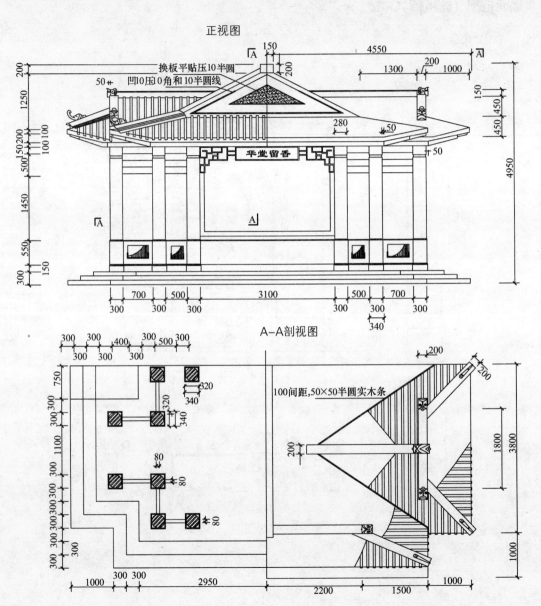

A-A剖视图

100间距,50×50半圆实木条

注:一、此造型均木结构, 300柱红色,座及面层局部可
采用仿古彩绘形式。
二、两侧假山及后墙面造型自选,顶上设计宫灯3个。
三、室内其他园林造型根据甲方要求另作设计,但格调
要与此造型效果协调、统一。

76

四季厅仿古造型

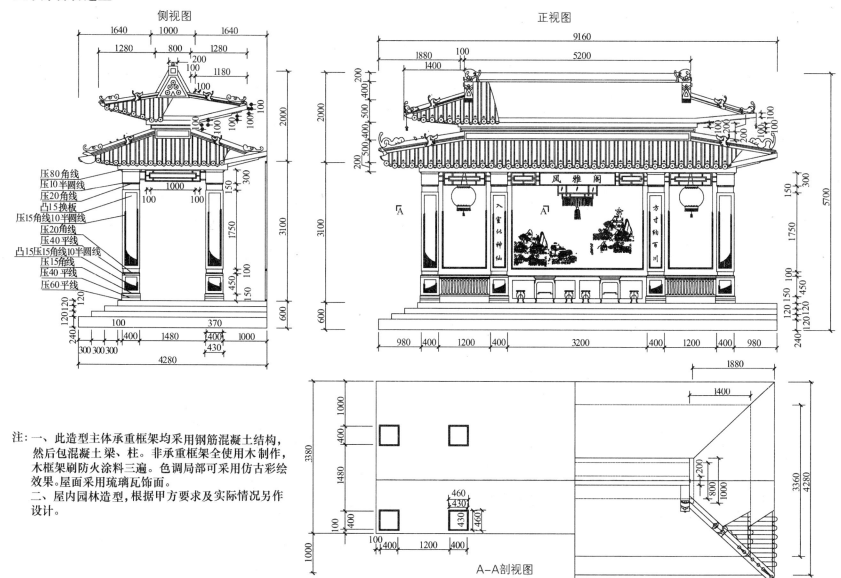

侧视图

正视图

风雅阁

入宝仙神仙

方寸纳百川

A—A剖视图

注：一、此造型主体承重框架均采用钢筋混凝土结构，
然后包混凝土梁、柱。非承重框架全使用木制作，
木框架刷防火涂料三遍。色调局部可采用仿古彩绘
效果。屋面采用琉璃瓦饰面。

二、屋内园林造型，根据甲方要求及实际情况另作
设计。

压80角线
压10半圆线
压20角线
凸15换板
压15角线10半圆线
压20角线
压40平线
凸15压15角线10半圆线
压15角线
压40平线
压60平线

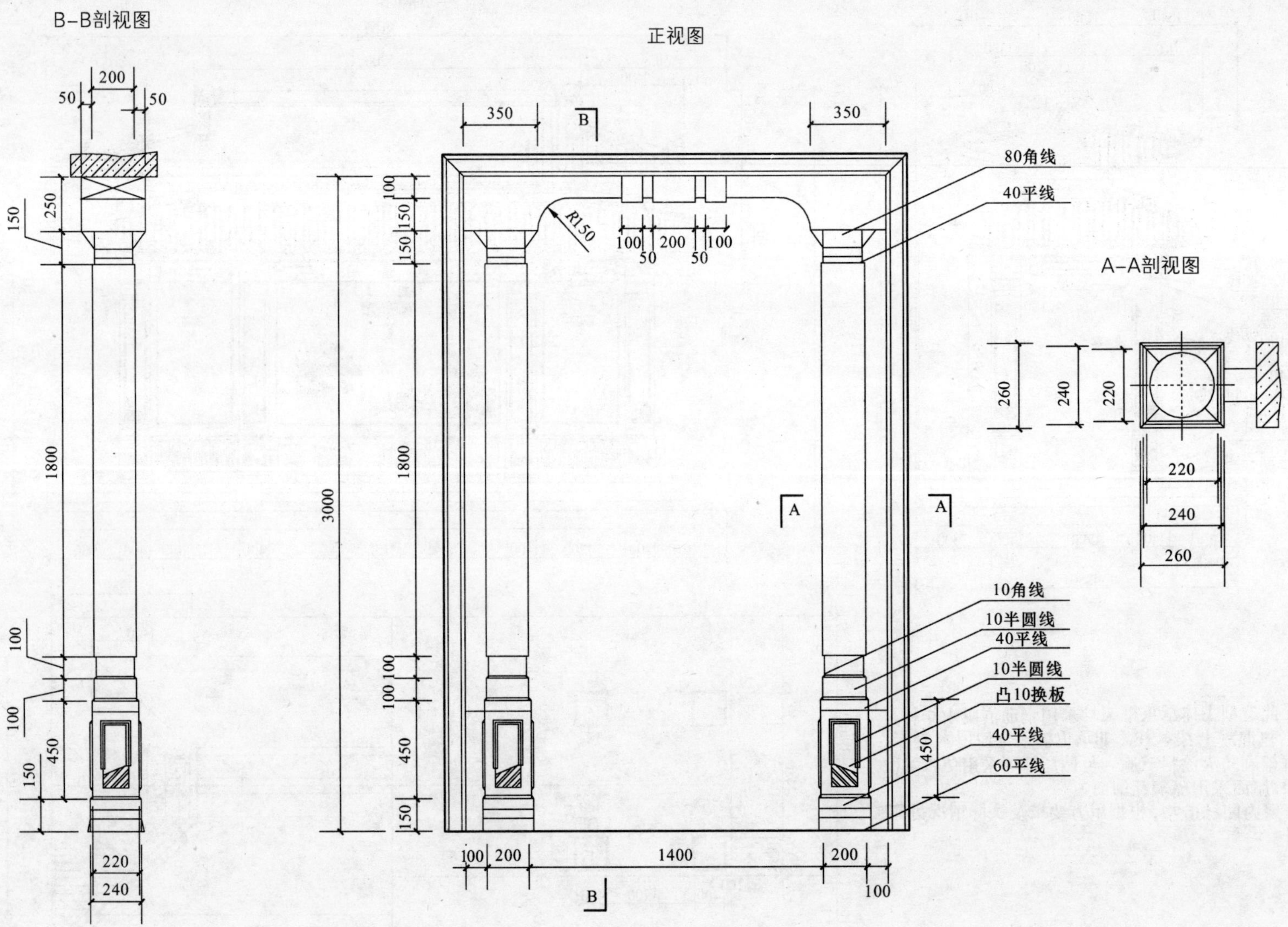

洞口造型

正视图

A-A剖视图

200
50   50
150
250
1800
100
100
150
450
220
240

350
B
100
150
150
R150
100 200 100
50   50
100
150
80角线
40平线

3000
1800
100 100
450
150

100 200
1400
200
100
B

10角线
10半圆线
40平线
10半圆线
凸10换板
40平线
60平线
450

260
240
220
220
240
260

78

洞口造型

A–A剖视图　　　　　　　　　　　　　　正视图　　　　　　　　　　　　　　B–B剖视图

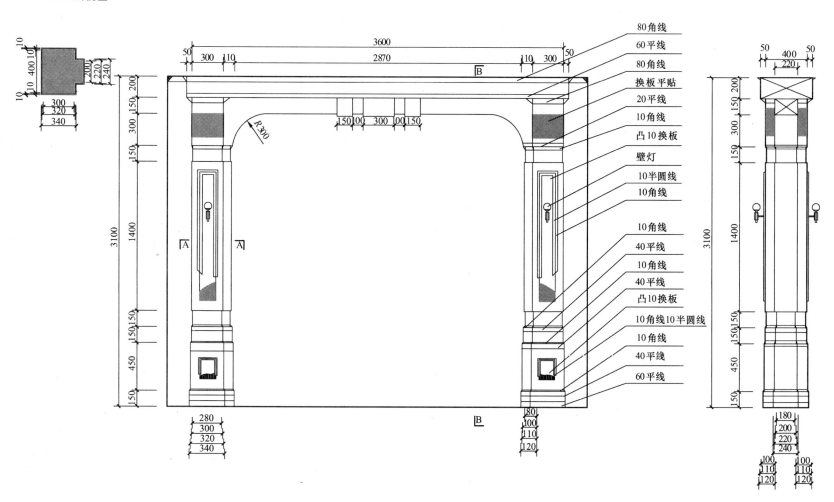

80角线
60平线
80角线
换板平贴
20平线
10角线
凸10换板
壁灯
10半圆线
10角线
10角线
40平线
10角线
40平线
凸10换板
10角线10半圆线
10角线
40平线
60平线

洞口造型

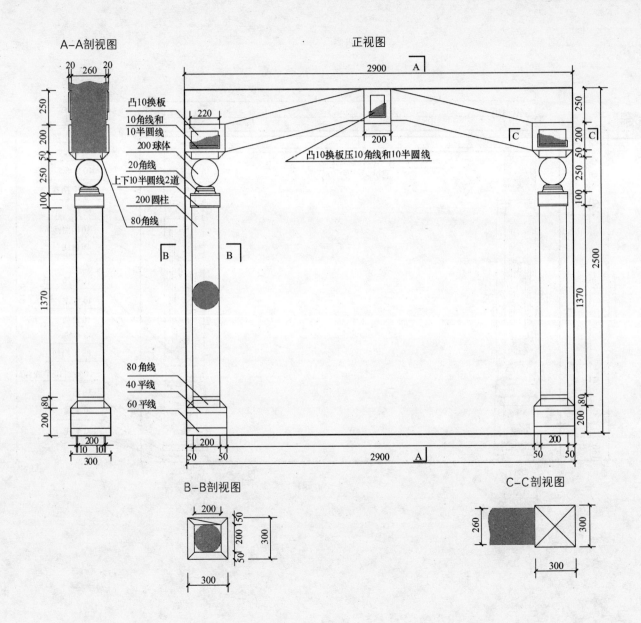

A-A剖视图

20　260　20

250

50　200

100　250

1370

200　80

200
110　10
300

凸10换板
10角线和
10半圆线
200球体
20角线
上下10半圆线2道
200圆柱
80角线

80角线
40平线
60平线

正视图

2900 A

220

凸10换板压10角线和10半圆线

200

250

50　200

100　250

1370

2500

200　80

200

50　50

2900 A

50　50

200

B-B剖视图

200
200　50
300

200　50
300

300

C-C剖视图

260

300

300

洞口造型

B-B剖视图

正视图（双面）

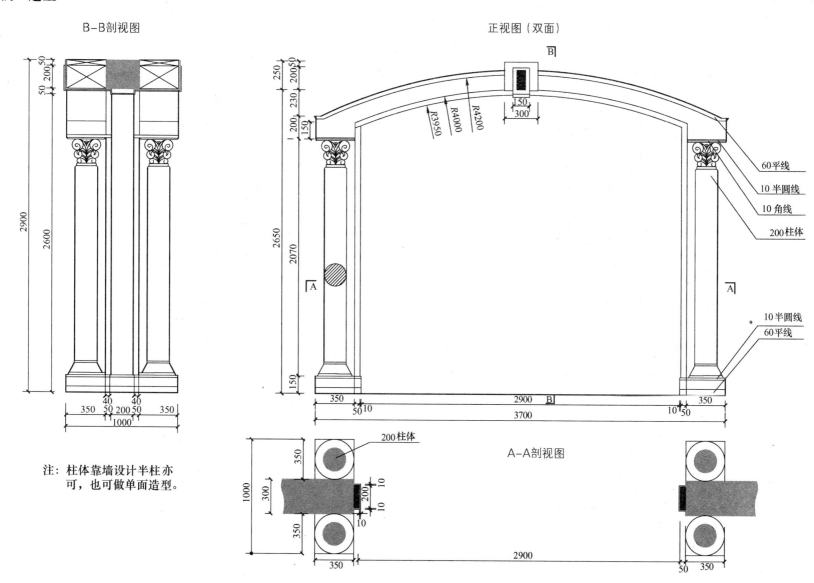

A-A剖视图

注：柱体靠墙设计半柱亦可，也可做单面造型。

洞口造型

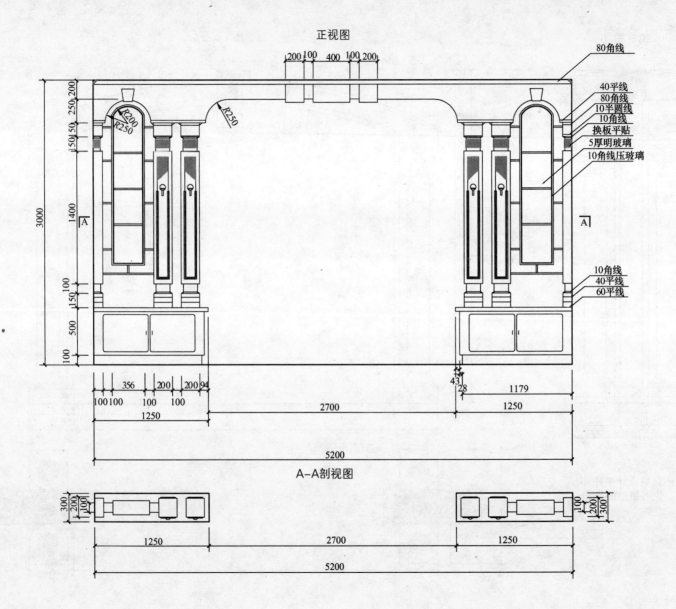

正视图

80角线
40平线
80角线
10半圆线
10角线
换板平贴
5厚明玻璃
10角线压玻璃

10角线
40平线
60平线

R200
R250
R250

3000
200
250
150 50
1400
100
150
500
100

356 200 200 94
100 100 100 100
1250
2700
1250
5200

43
28
1179
1250

A-A剖视图

300 200 100
1250
2700
1250
5200
100 200 300

洞口造型

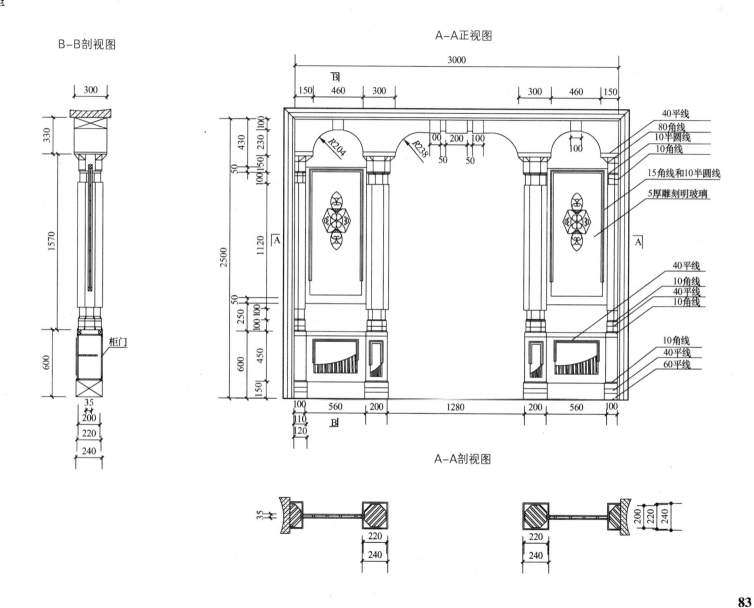

B-B剖视图

A-A正视图

40平线
80角线
10半圆线
10角线

15角线和10半圆线

5厚雕刻明玻璃

40平线
10角线
40平线
10角线

10角线
40平线
60平线

柜门

A-A剖视图

洞口造型

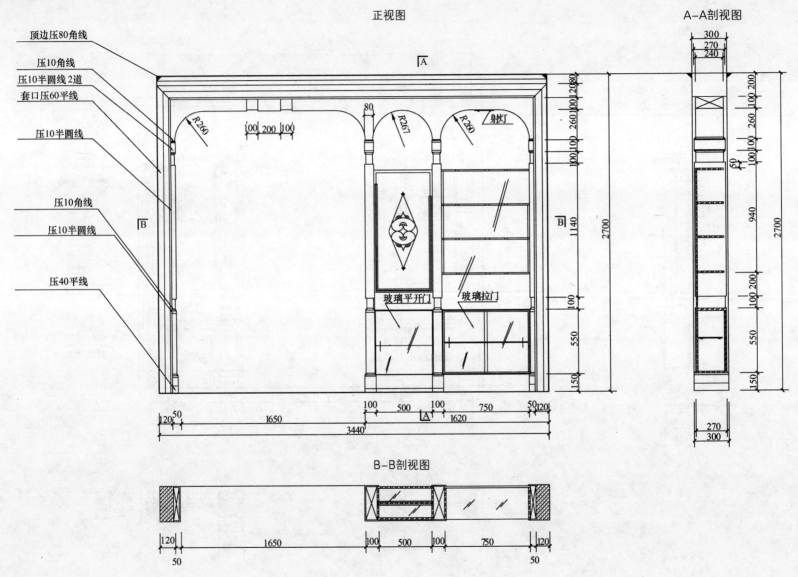

正视图

顶边压80角线
压10角线
压10半圆线 2道
套口压60平线
压10半圆线
压10角线
压10半圆线
压40平线

射灯
玻璃平开门
玻璃拉门

A—A剖视图

B—B剖视图

餐厅洞口造型

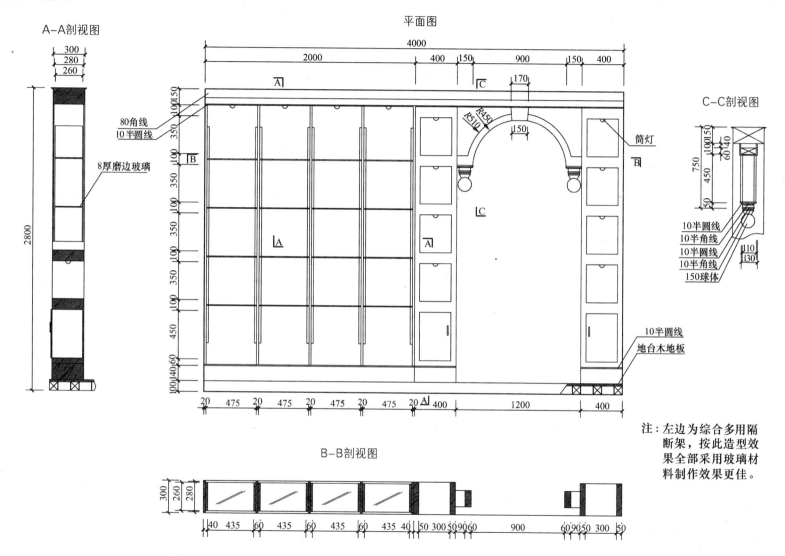

A-A剖视图

平面图

C-C剖视图

B-B剖视图

80角线
10半圆线

8厚磨边玻璃

筒灯

10半圆线
10半角线
10半圆线
10半角线
150球体

10半圆线
地台木地板

注：左边为综合多用隔
断架，按此造型效
果全部采用玻璃材
料制作效果更佳。

大厅排列混凝土柱连接造型

B-B剖视图

平面图

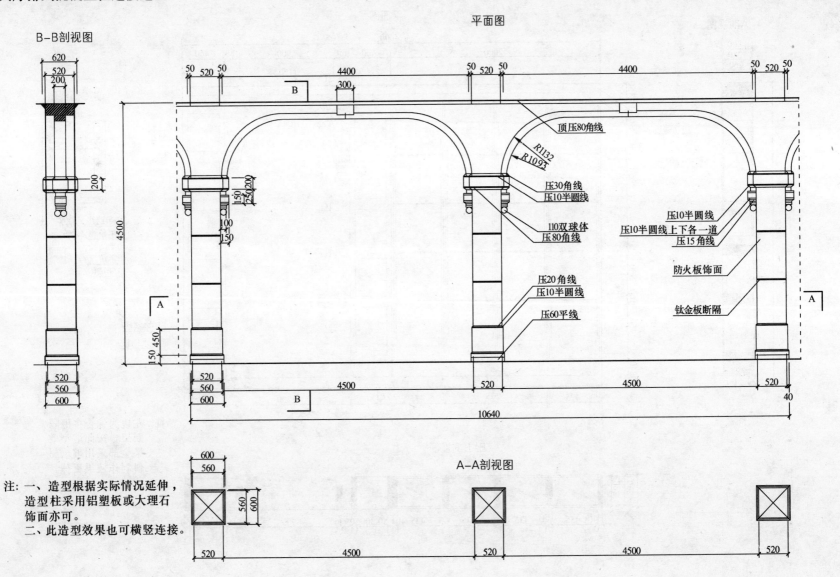

顶压80角线

R1132
R1092

压30角线
压10半圆线

110双球体
压80角线

压10半圆线
压10半圆线上下各一道
压15角线

防火板饰面

钛金板断隔

压20角线
压10半圆线

压60平线

A-A剖视图

注：一、造型根据实际情况延伸，
造型柱采用铝塑板或大理石
饰面亦可。
二、此造型效果也可横竖连接。

走廊口造型

正视图

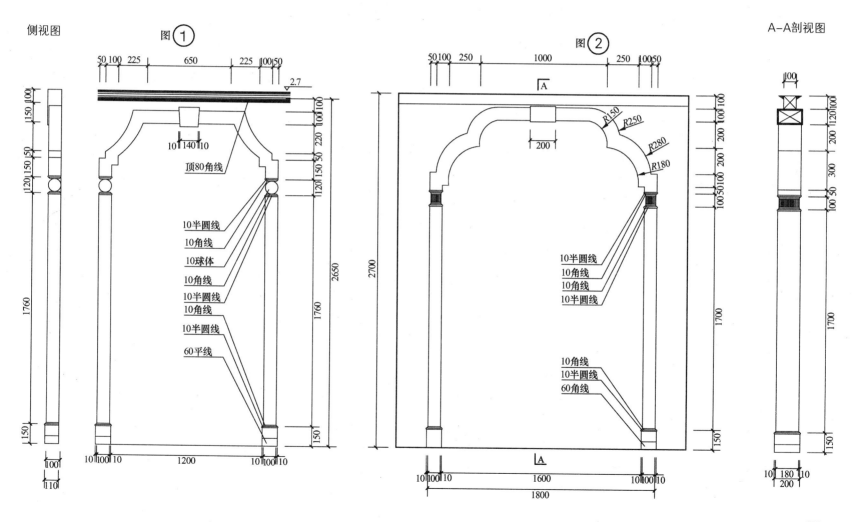

侧视图

图①

图②

A-A剖视图

10半圆线
10角线
10球体
10角线
10半圆线
10角线
10半圆线
60平线

顶80角线
10 140 10

10半圆线
10角线
10角线
10半圆线

10角线
10半圆线
60角线

R150
R250
R280
R180

走廊口造型

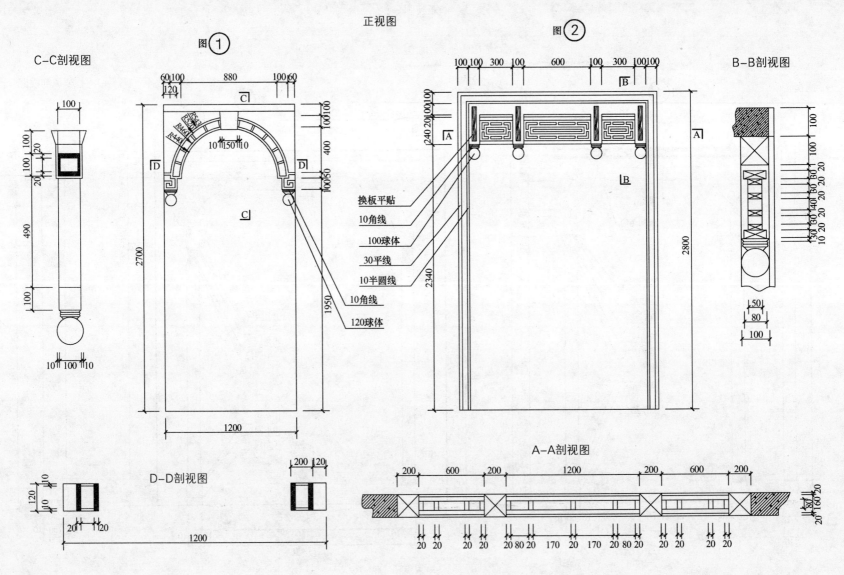

C-C剖视图

正视图

图①

图②

B-B剖视图

换板平贴
10角线
100球体
30平线
10半圆线
10角线
120球体

D-D剖视图

A-A剖视图

走廊口造型

正视图

B-B剖视图

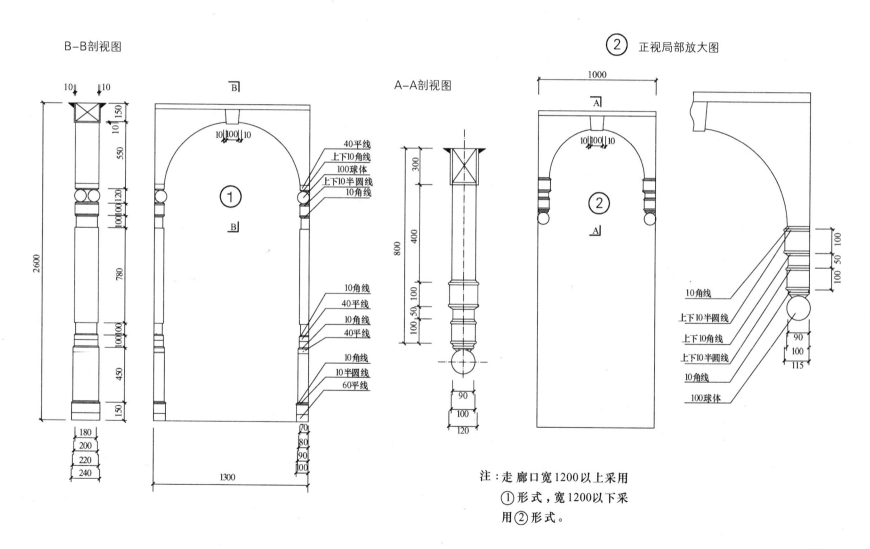

A-A剖视图

② 正视局部放大图

40平线
上下10角线
100球体
上下10半圆线
10角线

10角线
40平线
10角线
40平线

10角线
10半圆线
60平线

10角线
上下10半圆线
上下10角线
上下10半圆线
10角线
100球体

注：走廊口宽1200以上采用
①形式，宽1200以下采
用②形式。

异型洞口博古架造型

正视图

注：为了便于施工操作，任何异型洞口内博古架设计，最好采用直线变化各种造型效果，在考虑艺术效果的同时要注重实用效果。

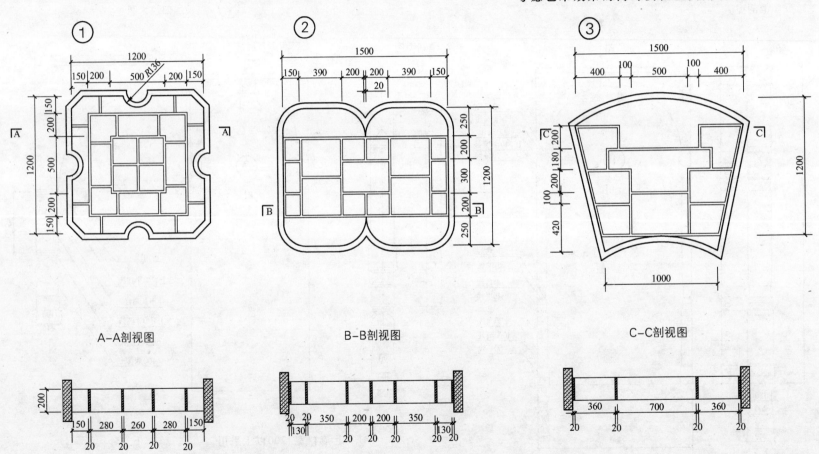

A-A剖视图   B-B剖视图   C-C剖视图

多边形洞口博古架造型

正视图

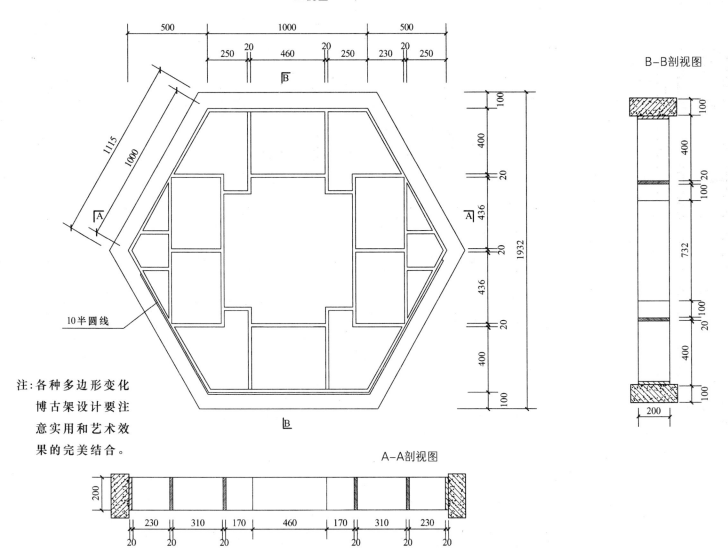

10半圆线

注:各种多边形变化
博古架设计要注
意实用和艺术效
果的完美结合。

B-B剖视图

A-A剖视图

圆洞口博古架造型

正视图

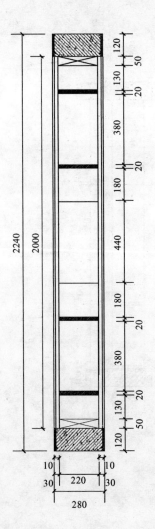

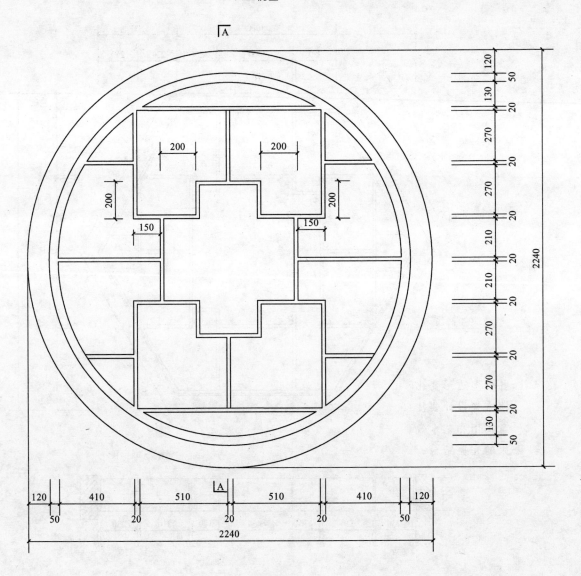

92

洞口双面造型带博古架造型

A-A剖视图 正视图

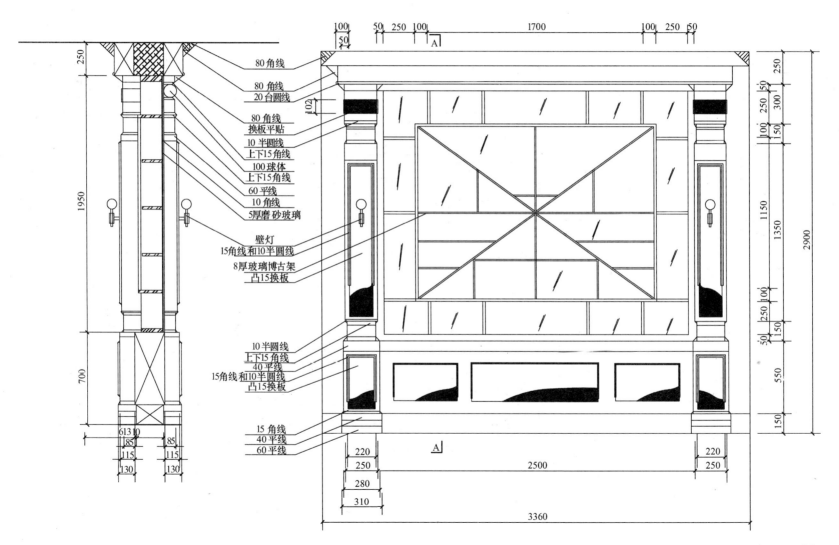

80角线
80角线
20台圆线
80角线
换板平贴
10半圆线
上下15角线
100球体
上下15角线
60平线
10角线
5厚磨砂玻璃
壁灯
15角线和10半圆线
8厚玻璃博古架
凸15换板

10半圆线
上下15角线
40平线
15角线和10半圆线
凸15换板

15角线
40平线
60平线

仿古式洞口边角造型

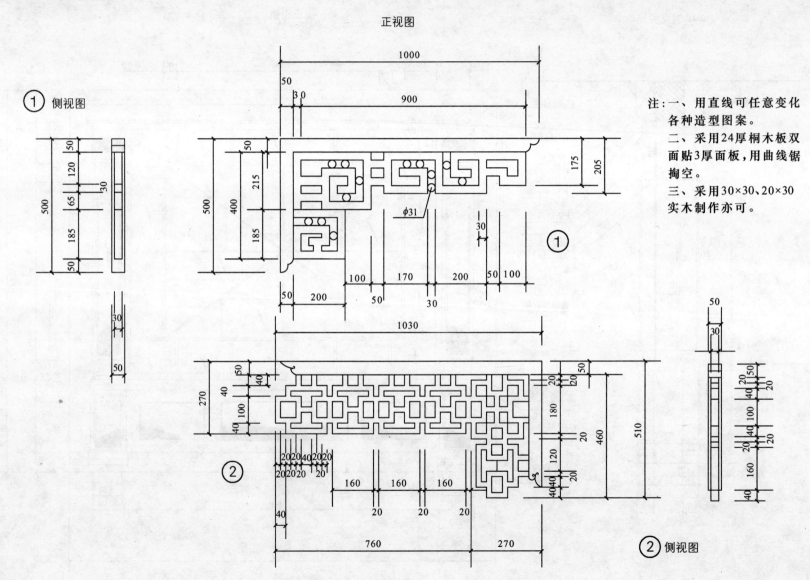

正视图

① 侧视图

注:一、用直线可任意变化各种造型图案。
二、采用24厚桐木板双面贴3厚面板,用曲线锯掏空。
三、采用30×30、20×30实木制作亦可。

② 侧视图

94

仿古式洞口边角造型

① 侧视图

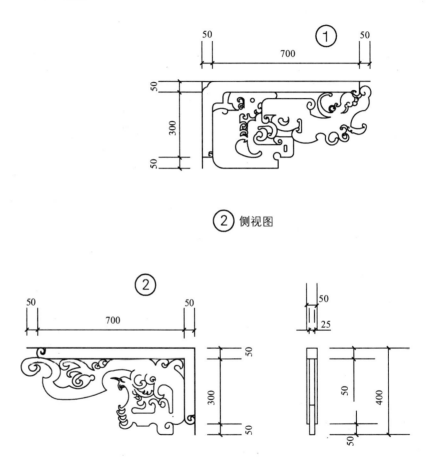

② 侧视图

注:一、曲、直线结合可任意
　　变化造型图案制作。
　　二、18细木板双面饰面板,
　　用曲线锯掏空,而后刻线。
　　有条件情况下可采用实木
　　板制作,本色即可。

仿古式洞口边角造型

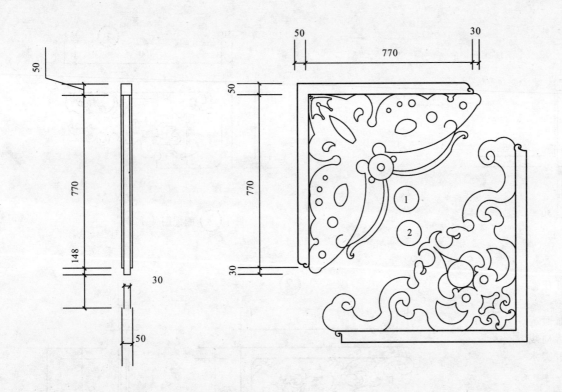

50
770
30

50

770

148

30

50

①②侧视图

50

770

30

注：曲线可任意变化
设计各种造型效
果，采用24厚桐
木板双面贴3厚
面板，用曲线锯
掏空，内外贴皮，
本色。

仿古式洞口边角造型

正视图

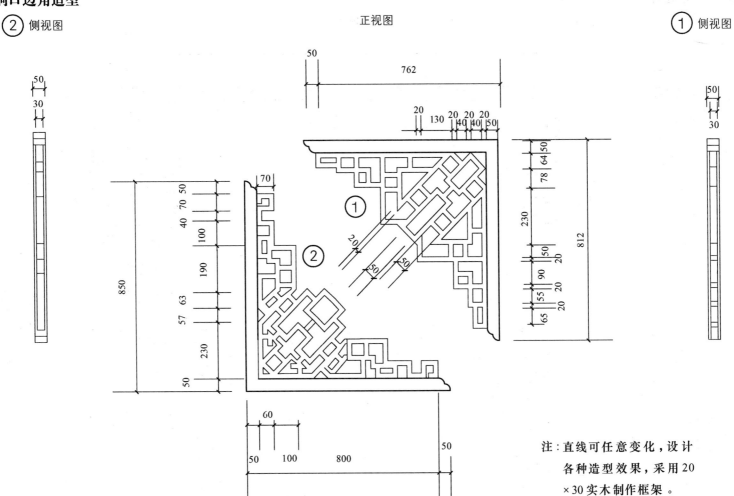

注：直线可任意变化，设计
各种造型效果，采用20
×30实木制作框架。

仿古式洞口上部造型

B-B剖视图

正视图

2527

B

80

150

300

764

230

100

134

R64

121

549

100

128

230

80

A A

①

B

A-A剖视图

200

230

C

80

250

80球体

250

200

200

800

75 85

80
181

C

85 75

550

②

50

120球体

154

212

900

50

250

2000

154

C-C剖视图

98

仿古式洞口上部造型

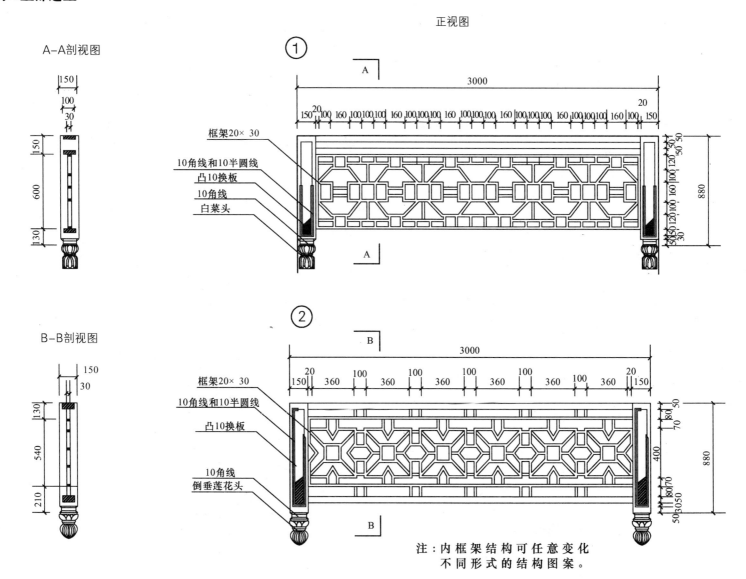

A–A剖视图

正视图

① 框架20×30
10角线和10半圆线
凸10换板
10角线
白菜头

3000

② B–B剖视图

框架20×30
10角线和10半圆线
凸10换板
10角线
倒垂莲花头

3000

注：内框架结构可任意变化
不同形式的结构图案。

仿古式洞口上部造型

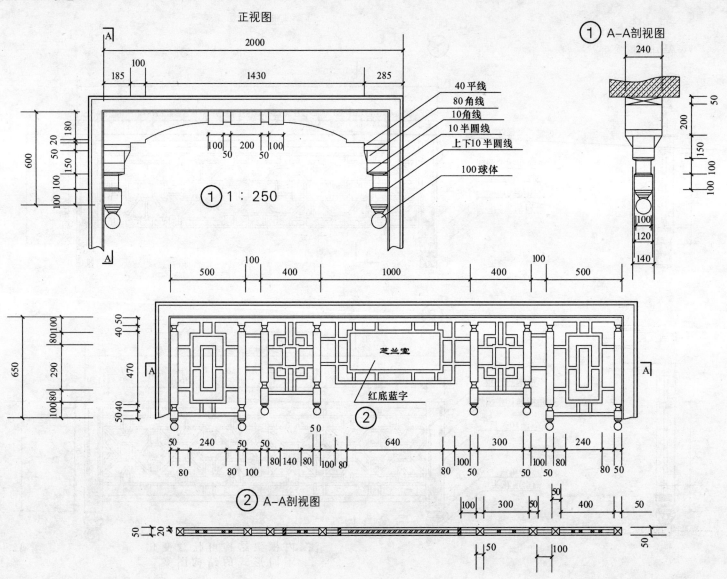

正视图

2000

185　100

185　1430　285

40平线
80角线
10角线
10半圆线
上下10半圆线

100球体

180
50 20
600
150
100 100
100

100 200 100
50 50

① 1∶250

500　100　400　1000　400　100　500

① A-A剖视图

240

50
200
150
100 100

100
120
140

650
100 100
80 100
290
100 80

40 50
470
50 40

芝兰室

红底蓝字

②

50　240　50　50　50　640　300　240
80　80　100　80 140 80　100 80　80 100　50　50 50　80 50

② A-A剖视图

50　300　50　400　50
100 300 50 400 50

50
20

50

50
100

窗口造型

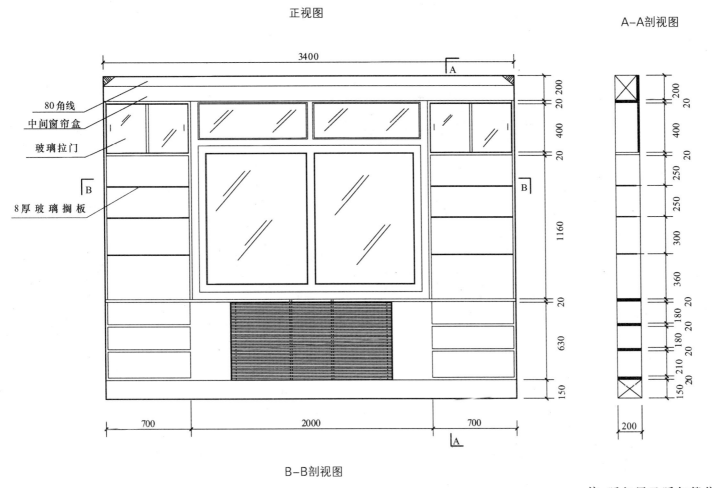

正视图

A-A剖视图

3400

80角线
中间窗帘盒
玻璃拉门

8厚玻璃搁板

20 200
400
1160
630
150

700   2000   700

200
400
250
250
300
360
180 180
180
210
150

200

B-B剖视图

200

20 660   20   2000   20 660 20

注:暖气罩及暖气管位置的确定
应同时处理,根据实际情况
调整尺寸,造型效果不变。

窗口造型

正视图

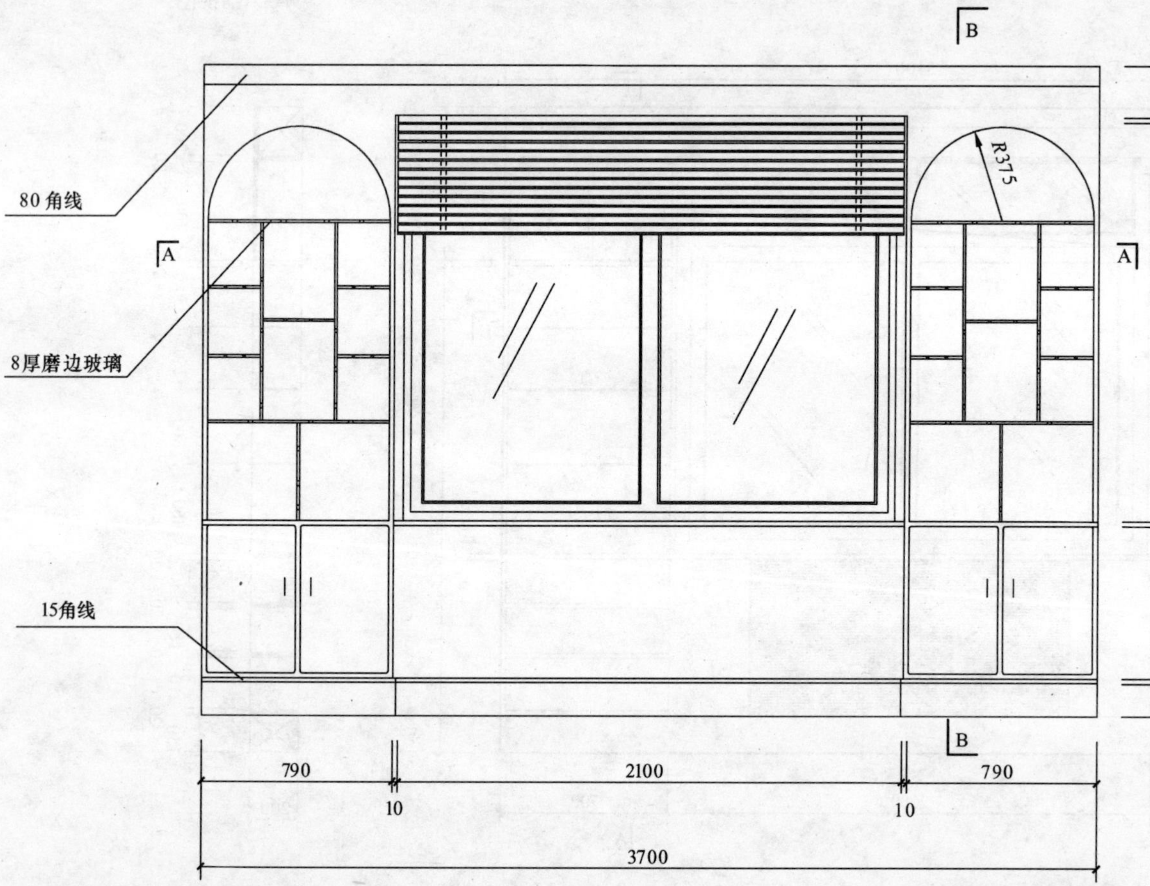

B-B剖视图

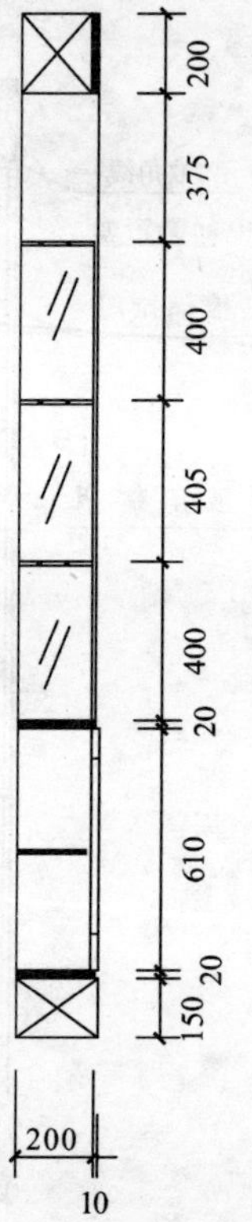

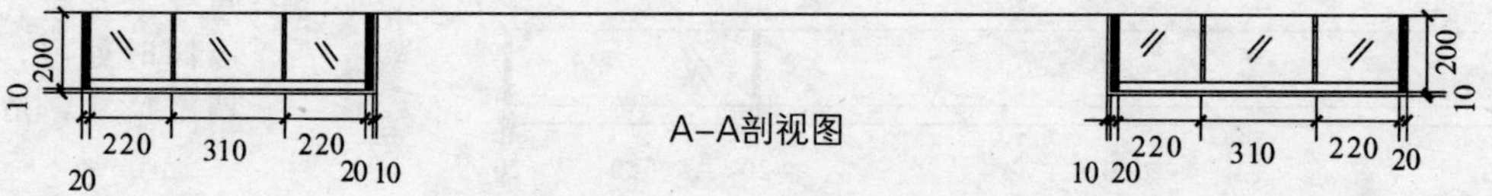

80 角线

8厚磨边玻璃

R375

15角线

200

20 200

1580

2600

20

610

150 20

A-A剖视图

790   2100   790

10   10

3700

200

375

400

405

400

20

610

150 20

200

10

200

220   310   220

20   20 10

220   310   220

10 20   20

仿古式窗口带窗帘盒造型

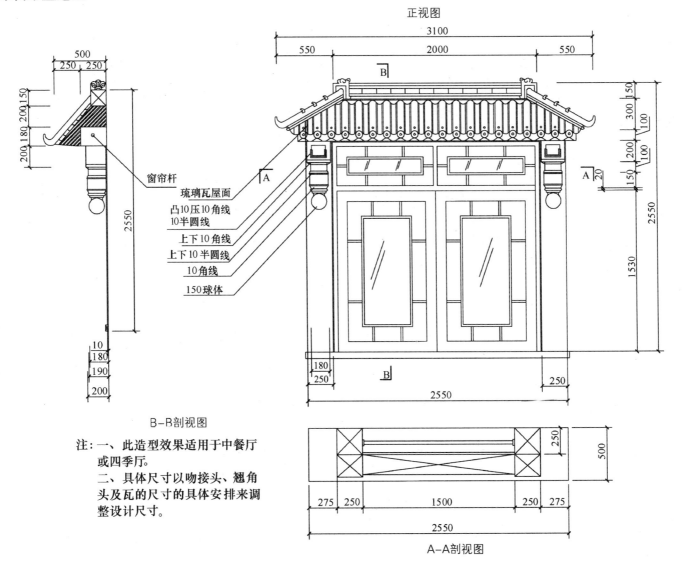

正视图

3100

550 2000 550

B

A

琉璃瓦屋面
凸10压10角线
10半圆线
上下10角线
上下10半圆线
10角线
150球体

窗帘杆

500
250 250

2550

10
180
190
200

B—B剖视图

注: 一、此造型效果适用于中餐厅
     或四季厅。
    二、具体尺寸以吻接头、翘角
     头及瓦的尺寸的具体安排来调
     整设计尺寸。

50
300 100
200 100
150

2550

1530

180
250 2550 250

A

20

250
500

275 250 1500 250 275
2550

A—A剖视图

103

大门口套口造型

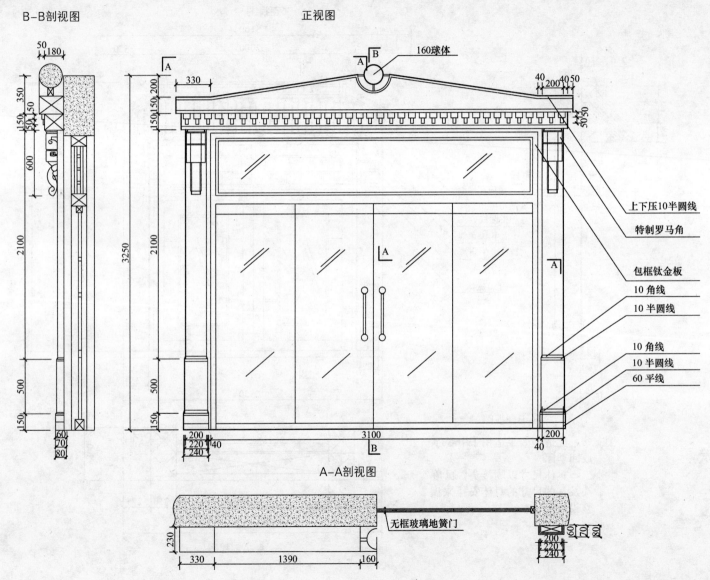

B-B剖视图

正视图

50 180

160球体

330

40 200 40 50

上下压10半圆线

特制罗马角

包框钛金板

10 角线

10 半圆线

10 角线

10 半圆线

60 平线

A-A剖视图

无框玻璃地簧门

330 1390 160

230

3100

200 220 240

200

3250

2100

500

150

200 150 150

门窗套口造型

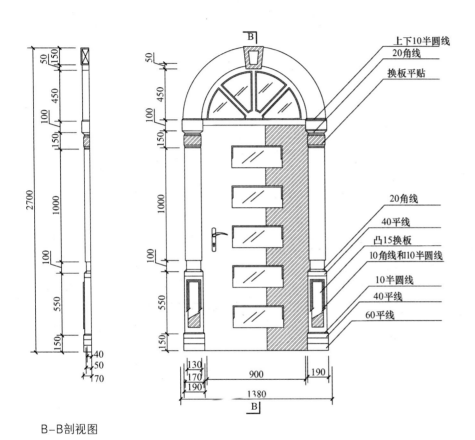

上下10半圆线
20角线
换板平贴

20角线
40平线
凸15换板
10角线和10半圆线
10半圆线
40平线
60平线

B-B剖视图

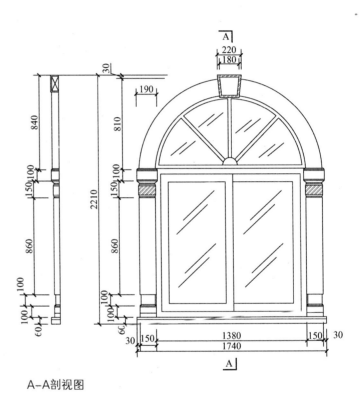

A-A剖视图

105

门口造型、带窗帘盒窗口造型

正视图

正视图

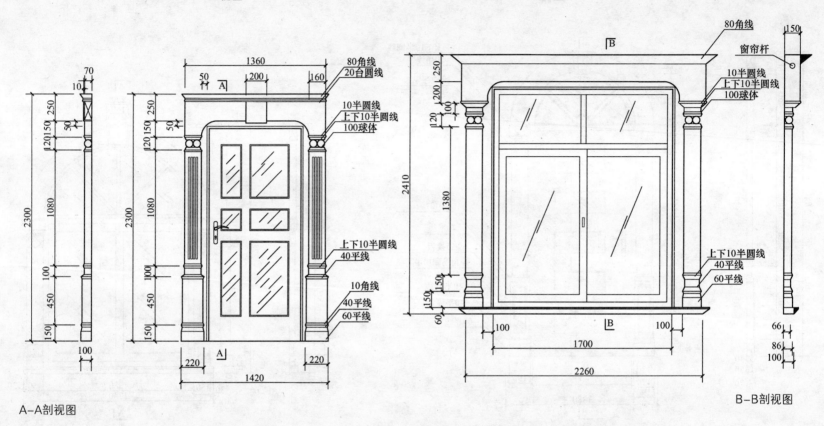

A－A剖视图

B－B剖视图

注:层高如在3m以上,窗口造型可采用此效果,
安装窗式百叶窗帘。

窗套口造型、门套口造型

侧视图　　　　　　　正视图　　　　　　　　　　　　　　　　正视图　　　　　　　侧视图

80角线

200半圆柱

20角线

150半圆柱

10半圆线
80角线
20角线
10半圆线

换板凸10
10角线和10半圆线
20角线
10半圆线
60平线

300
150
20

1230

100
50100 150

550

150

75
125
175

50
688
2200

300
150
1230
2800
150120
150100
50100

550
150

50
350
50

2060
2800

100
260
50 150 100

220

120
100
150

200
260

1500
2060

50
260
280

100
130

107

门窗套口造型

正视图

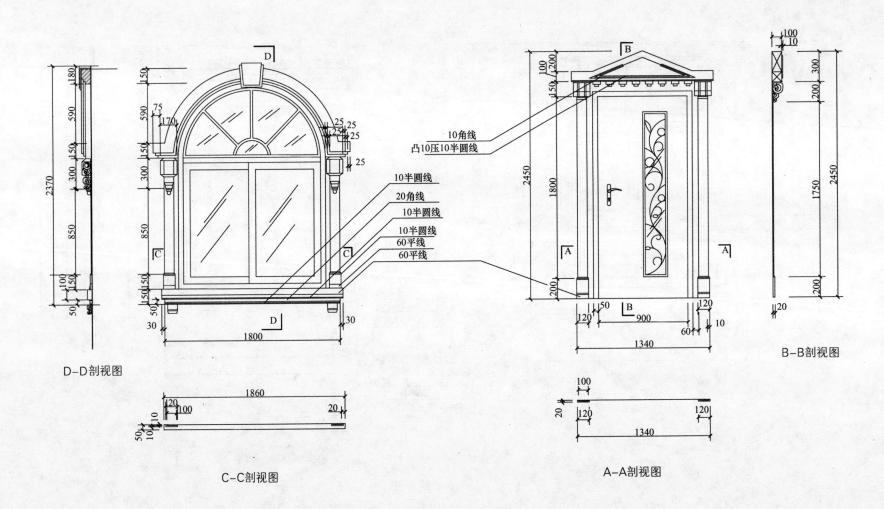

10角线
凸10压10半圆线

10半圆线
20角线
10半圆线
10半圆线
60平线
60平线

D-D剖视图

C-C剖视图

A-A剖视图

B-B剖视图

隔断造型

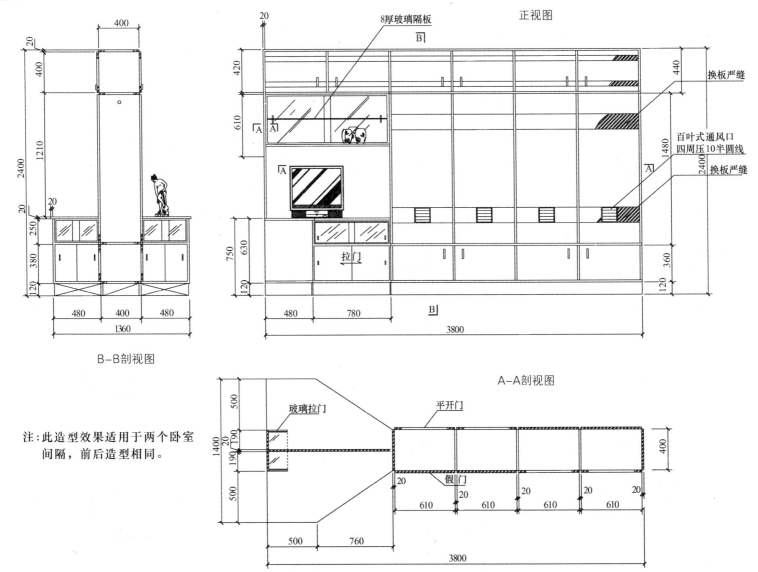

正视图

8厚玻璃隔板

换板严缝

百叶式通风口
四周压10半圆线

换板严缝

拉门

B-B剖视图

A-A剖视图

玻璃拉门

平开门

假门

注:此造型效果适用于两个卧室
间隔,前后造型相同。

109

隔断造型

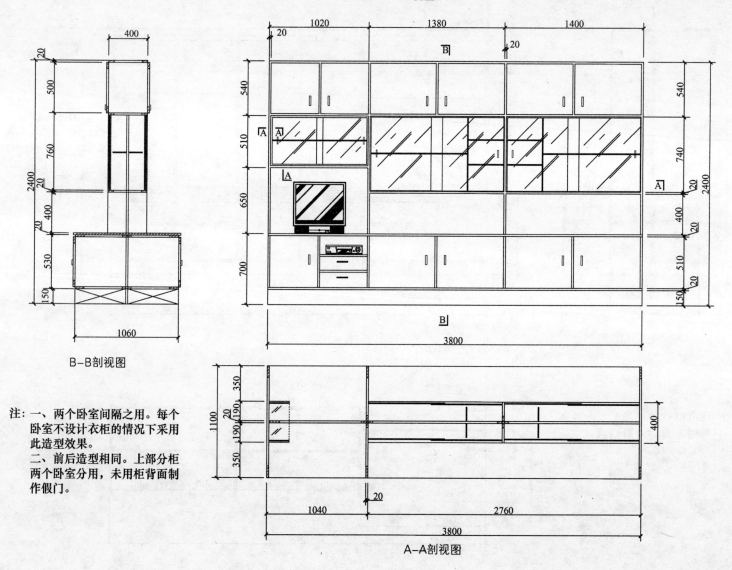

正视图

B-B剖视图

A-A剖视图

注: 一、两个卧室间隔之用。每个
卧室不设计衣柜的情况下采用
此造型效果。
二、前后造型相同。上部分柜
两个卧室分用，未用柜背面制
作假门。

隔断造型

正视图

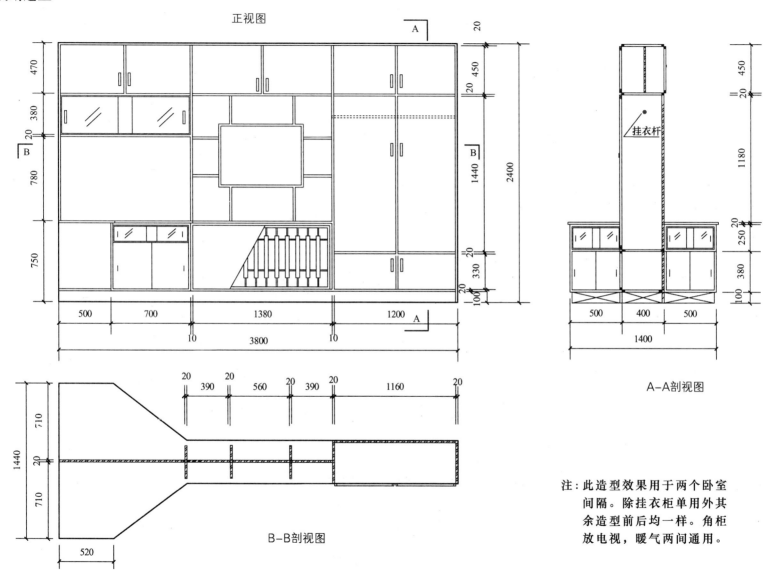

A-A剖视图

B-B剖视图

注：此造型效果用于两个卧室间隔。除挂衣柜单用外其余造型前后均一样。角柜放电视，暖气两间通用。

挂衣杆

111

隔断造型

正视图

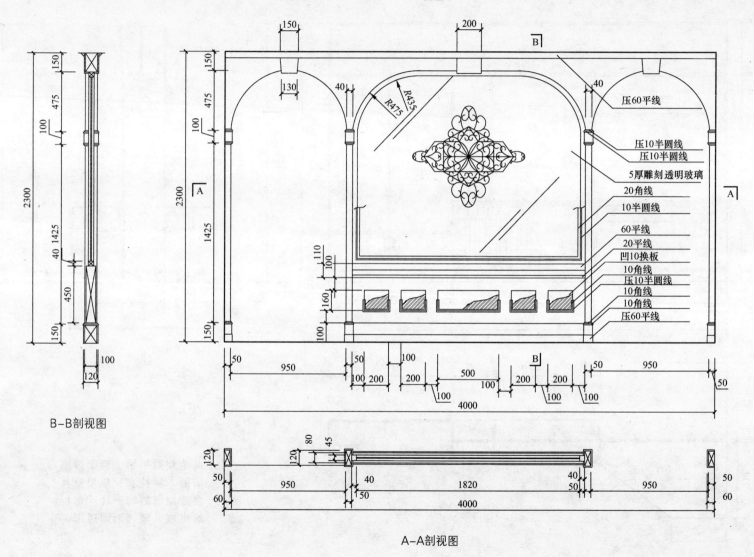

压60平线

压10半圆线
压10半圆线

5厚雕刻透明玻璃

20角线
10半圆线
60平线
20平线
凹10换板
10角线
压10半圆线
10角线
10角线
压60平线

B—B剖视图

A—A剖视图

隔断造型

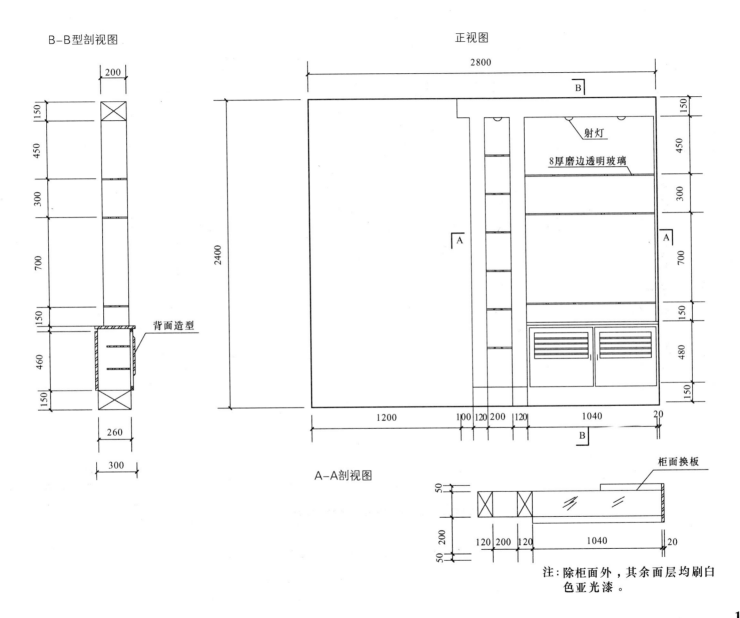

B-B型剖视图

200

150
450
300
700
150

背面造型

460
150

260

300

正视图

2800

B

射灯

8厚磨边透明玻璃

150
450
300
700
150
480
150

A

A

2400

1200　100 120 200 120　1040　20

B

A-A剖视图

柜面换板

50
200 50
50

120 200 120　1040　20

注：除柜面外，其余面层均刷白
色亚光漆。

113

隔断造型

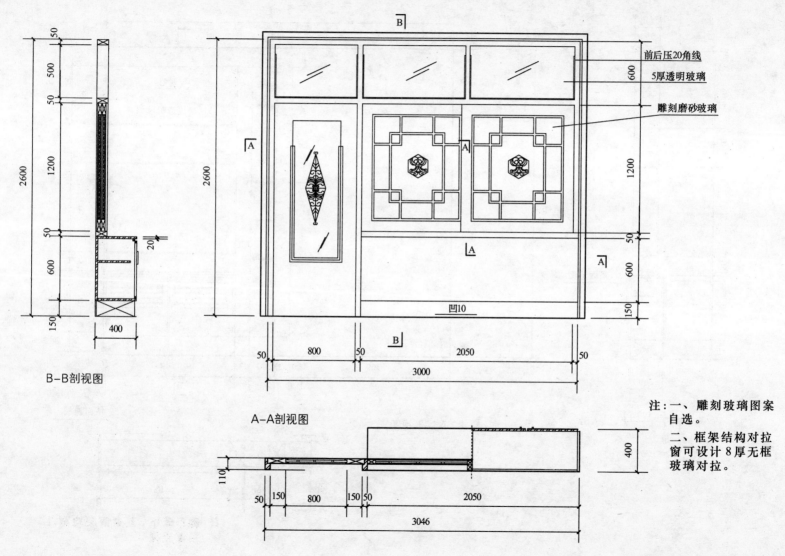

正视图

前后压20角线

5厚透明玻璃

雕刻磨砂玻璃

凹10

B—B剖视图

A—A剖视图

注:一、雕刻玻璃图案
自选。
二、框架结构对拉
窗可设计8厚无框
玻璃对拉。

114

隔断造型

正视图

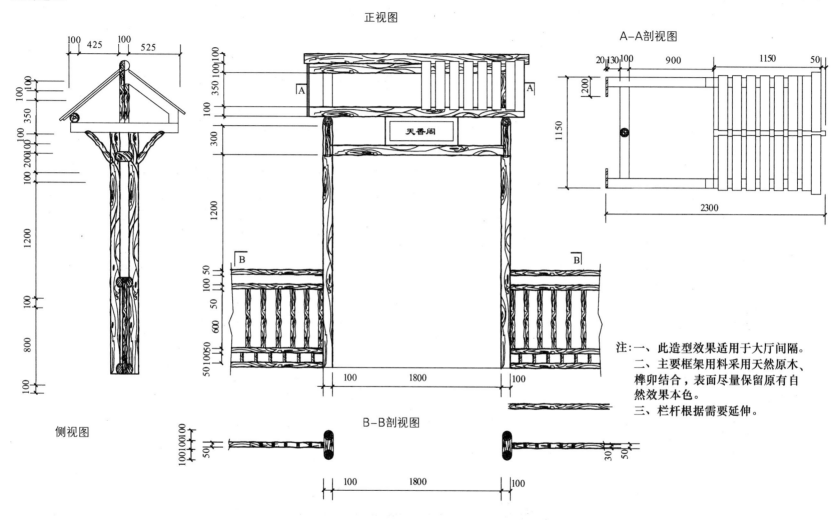

天香阁

侧视图

B-B剖视图

A-A剖视图

注：一、此造型效果适用于大厅间隔。
二、主要框架用料采用天然原木、榫卯结合，表面尽量保留原有自然效果本色。
三、栏杆根据需要延伸。

115

隔断造型

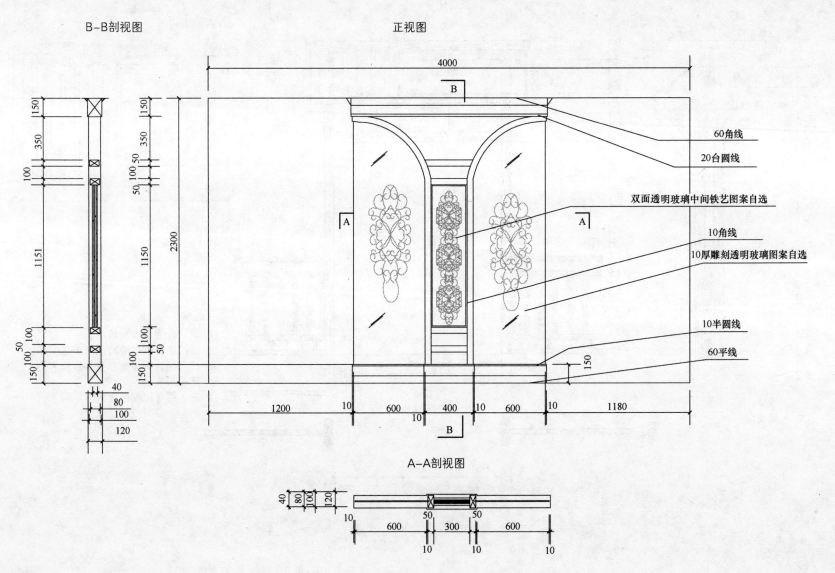

B-B剖视图

正视图

4000

B

60角线

20台圆线

双面透明玻璃中间铁艺图案自选

10角线

10厚雕刻透明玻璃图案自选

10半圆线

60平线

150

350

100

1151

50

100

150

150

350

50 100 50

1150

100

50

150

2300

1200   10   600   400   10   600   10   1180

10

B

40
80
100
120

A-A剖视图

40 80 100 120

10   600   50   300   50   600

10   50   10   10

隔断造型

B-B剖视图

正视图

4000

B

60角线

20台圆线

20

20角线

雕刻透明玻璃图案自选

10半圆线

60平线

B

150 / 50 / 30 / 140 / 30

1500

30 / 50 / 150

45

80

100

150 / 130 / 290 / 200 / 290 / 200 / 20 / 140 / 30 / 50 / 150

800 / 10 / 50 / 1900 / 50 / 10 / 1120

A-A剖视图

100 / 80 / 45

10 / 200 / 1500 / 30 / 140 / 60

50 / 30

117

隔断造型

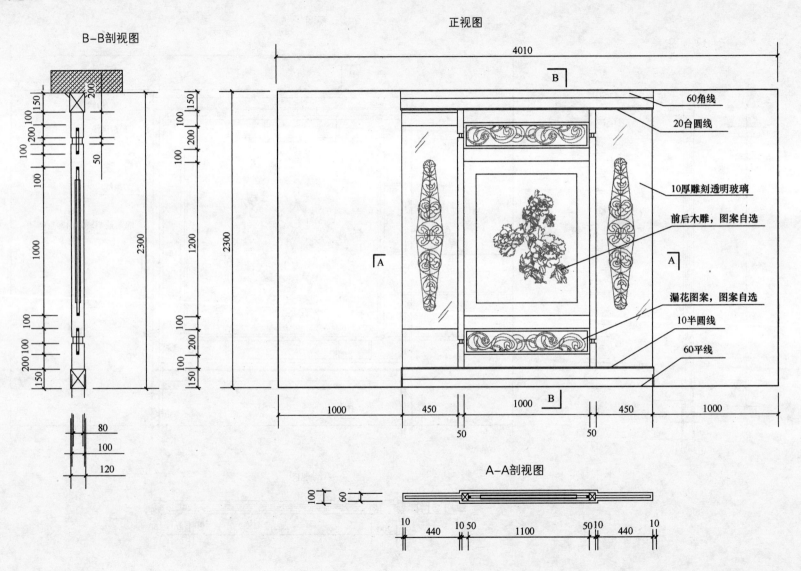

B-B剖视图

正视图

4010

B

60角线

20台圆线

10厚雕刻透明玻璃

前后木雕, 图案自选

漏花图案, 图案自选

10半圆线

60平线

A

A

2300

150
100
200
100
100

1000

100

200 100

150

150
100
200
100

1200

2300

100

200
100

150

80
100
120

50

1000   450   1000   450   1000

50   50

B

A-A剖视图

100   60

10   440   10 50   1100   50 10   440   10

隔断造型

正视图

A-A剖视图

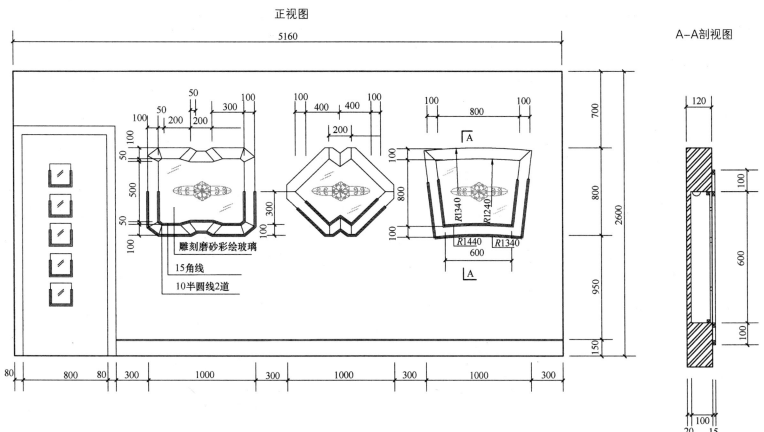

雕刻磨砂彩绘玻璃

15角线

10半圆线2道

注：此造型效果适用于餐厅走廊，造型可变成六边
形、八边形、宝瓶形等，而后参差排列。

隔断造型

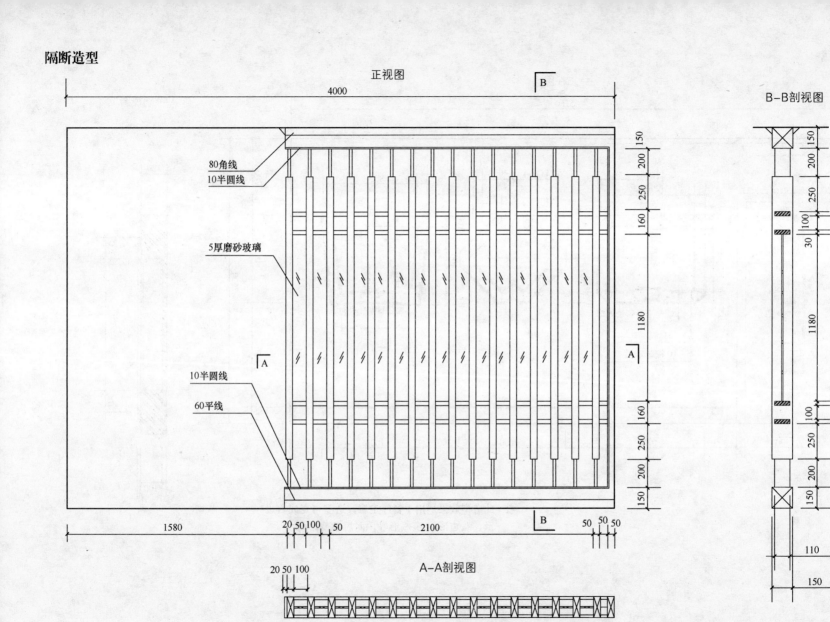

正视图

4000

B

80角线
10半圆线

5厚磨砂玻璃

10半圆线

60平线

A

B

150
200
250
160
1180
160
250
200
150

A

1580

20 50 100   50   2100   50 50 50

B

B—B剖视图

150
200
250
30
100
30
1180
100
30
250
200
150

110

150

20 50 100

A—A剖视图

2420

隔断造型

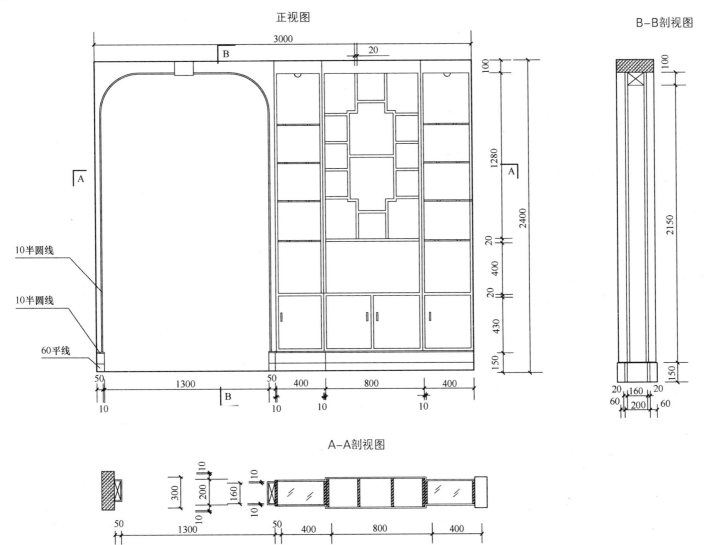

正视图

3000

20

B

100

1280

A | A

2400

20

400

20

430

150

10半圆线

10半圆线

60平线

50 | 1300 | 50 | 400 | 800 | 400

B

10 | 10 | 10 | 10

B–B剖视图

100

2150

150

20 | 160 | 20

60 | 200 | 60

A–A剖视图

300 | 200 | 160

10 | 10 | 10

50 | 1300 | 50 | 400 | 800 | 400

隔断造型

正视图

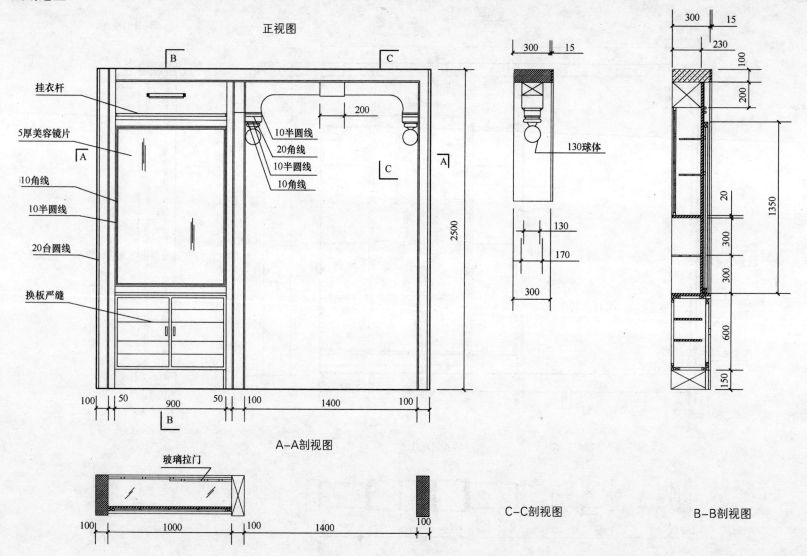

挂衣杆

5厚美容镜片

10角线

10半圆线

20台圆线

换板严缝

10半圆线
20角线
10半圆线
10角线

200

2500

A

B

C

C

130球体

300 15

130
170

300

A—A剖视图

玻璃拉门

100   1000   100   1400   100

C—C剖视图

300 15
230
100
200
1350
20
300
300
600
150

B—B剖视图

100 50 900 50 100 1400 100

B

隔断造型

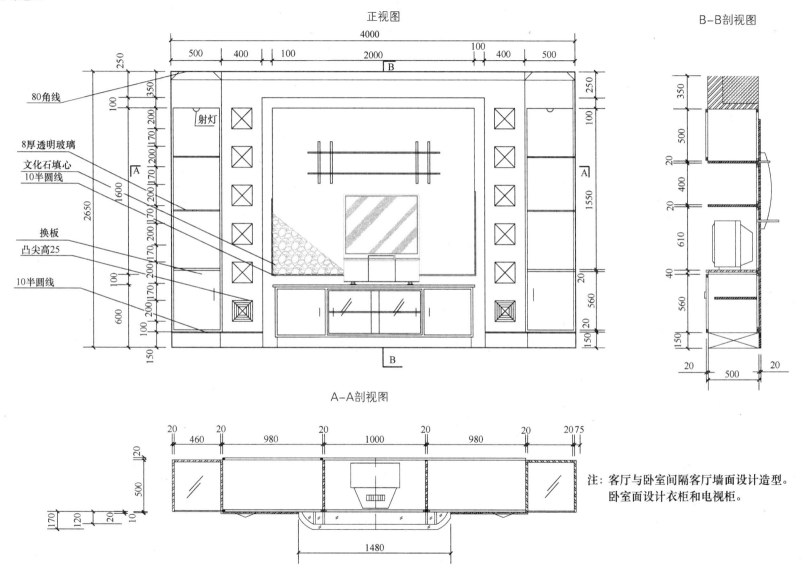

正视图

B-B剖视图

A-A剖视图

80角线

8厚透明玻璃

文化石填心

10半圆线

射灯

换板

凸尖高25

10半圆线

注：客厅与卧室间隔客厅墙面设计造型。
卧室面设计衣柜和电视柜。

隔断造型

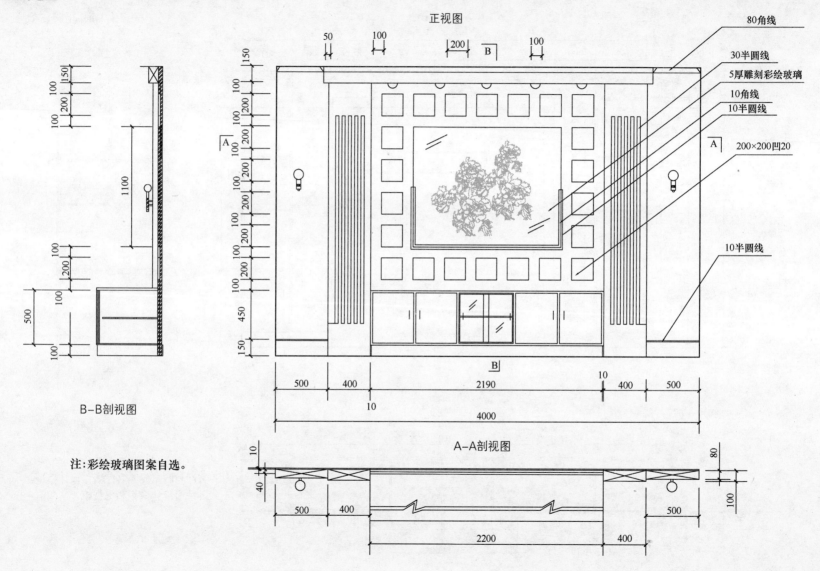

正视图

B-B剖视图

A-A剖视图

注:彩绘玻璃图案自选。

80角线
30半圆线
5厚雕刻彩绘玻璃
10角线
10半圆线
200×200凹20
10半圆线

隔断造型

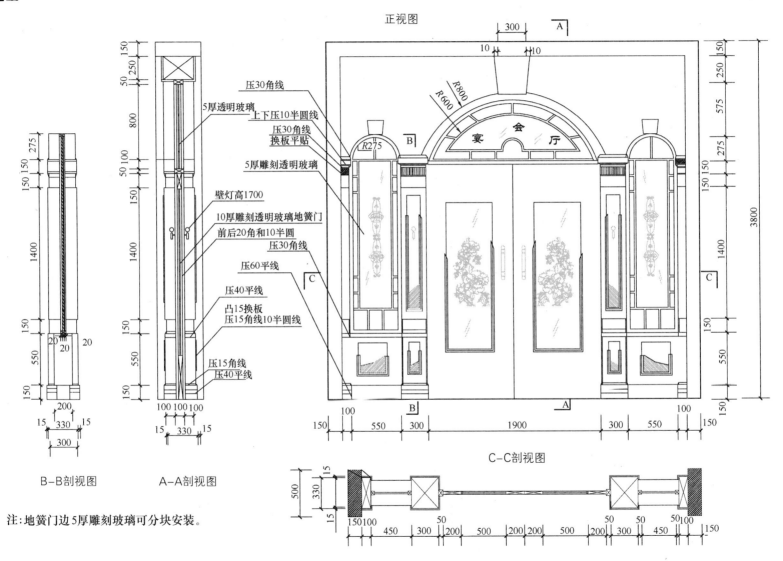

正视图

压30角线
5厚透明玻璃
上下压10半圆线
压30角线
换板平贴
5厚雕刻透明玻璃
壁灯高1700
10厚雕刻透明玻璃地簧门
前后20角和10半圆
压30角线
压60平线
压40平线
凸15换板
压15角线10半圆线
压15角线
压40平线

R800
R600
R275
宴 会 厅

B-B剖视图

A-A剖视图

C-C剖视图

注:地簧门边5厚雕刻玻璃可分块安装。

125

隔断造型

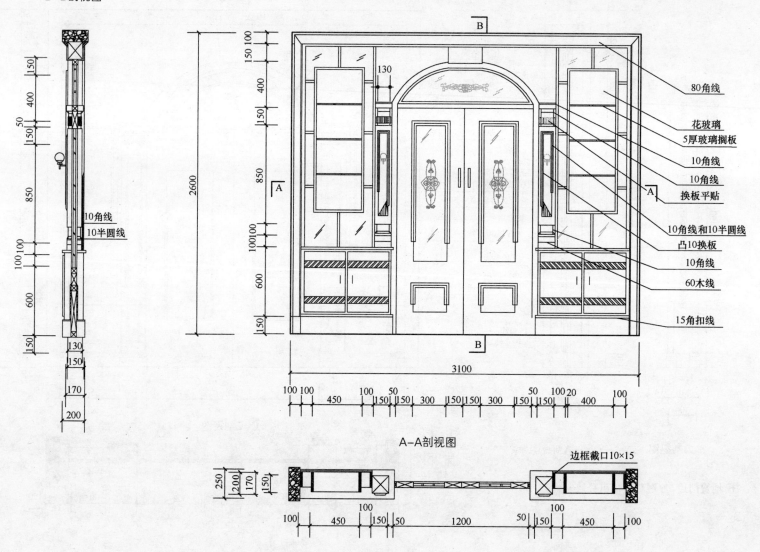

B－B剖视图

正视图

80角线

花玻璃

5厚玻璃搁板

10角线

10角线

换板平贴

10角线和10半圆线

凸10换板

10角线

60木线

15角扣线

10角线
10半圆线

A－A剖视图

边框截口10×15

隔断造型

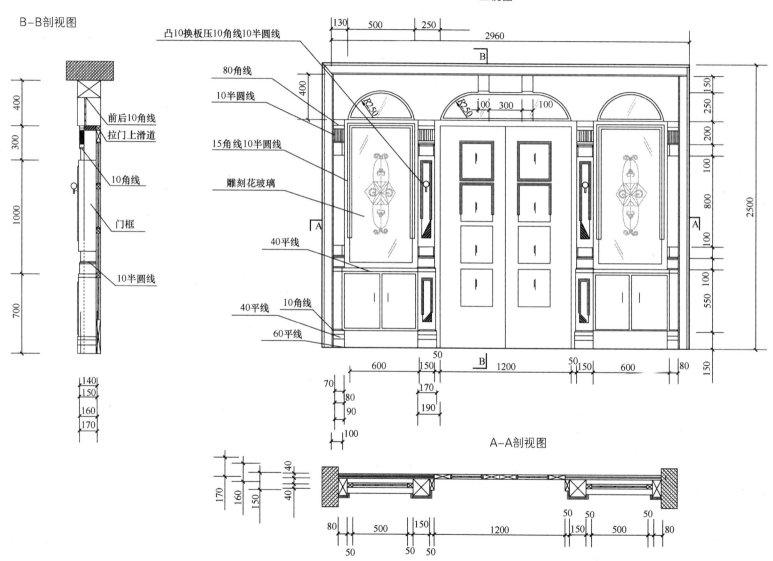

B－B剖视图

正视图

凸10换板压10角线10半圆线

80角线

10半圆线

前后10角线

拉门上滑道

15角线10半圆线

10角线

雕刻花玻璃

门框

10半圆线

40平线

40平线

10角线

60平线

A－A剖视图

127

隔断造型

B-B剖视图

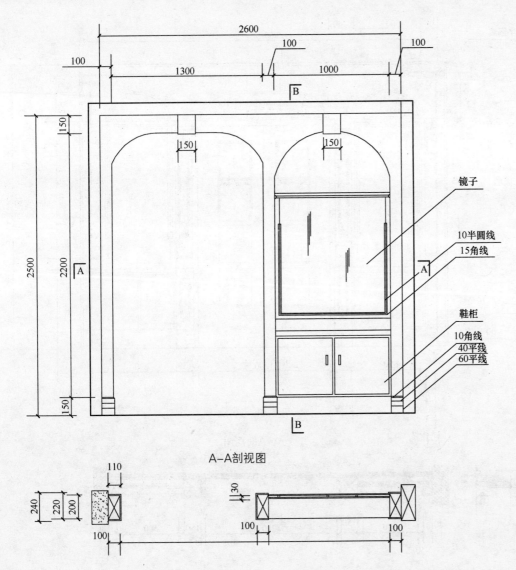

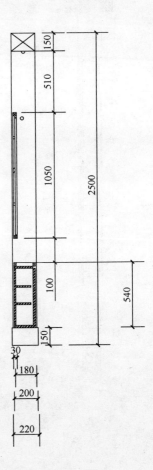

镜子

10半圆线
15角线

鞋柜

10角线
40平线
60平线

A-A剖视图

128

隔断造型

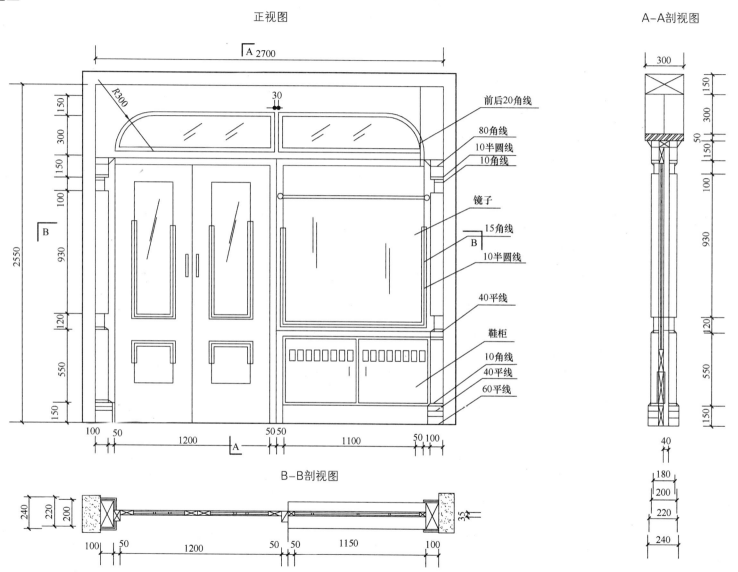

正视图

A–A剖视图

B–B剖视图

前后20角线
80角线
10半圆线
10角线
镜子
15角线
10半圆线
40平线
鞋柜
10角线
40平线
60平线

129

隔断造型

正视图

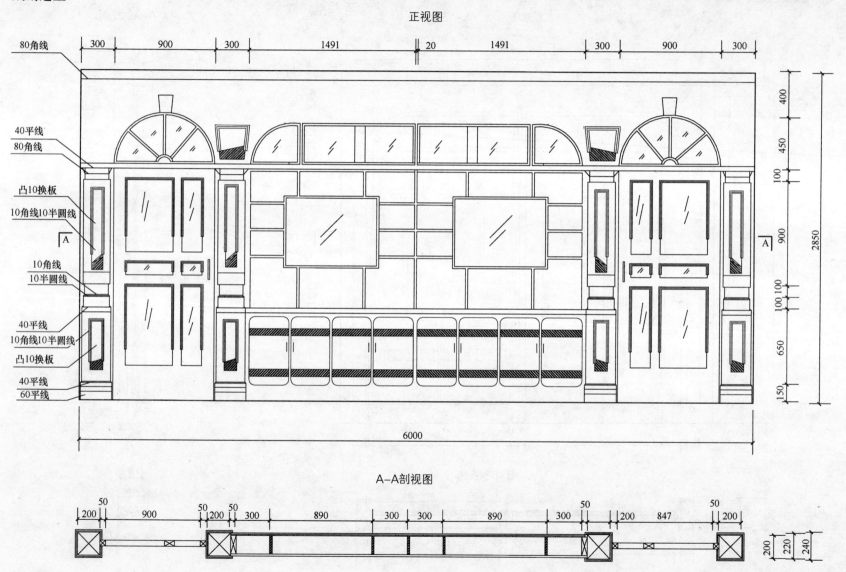

80角线

300 · 900 · 300 · 1491 · 20 · 1491 · 300 · 900 · 300

40平线
80角线

凸10换板

10角线10半圆线

A

10角线
10半圆线

40平线
10角线10半圆线

凸10换板

40平线
60平线

400 · 450 · 100 · 900 · 100 100 · 650 · 150

2850

6000

A—A剖视图

50 · 50 50 · 50 · 50

200 · 900 · 200 · 300 · 890 · 300 · 300 · 890 · 300 · 200 · 847 · 200

200 220 240

隔断造型

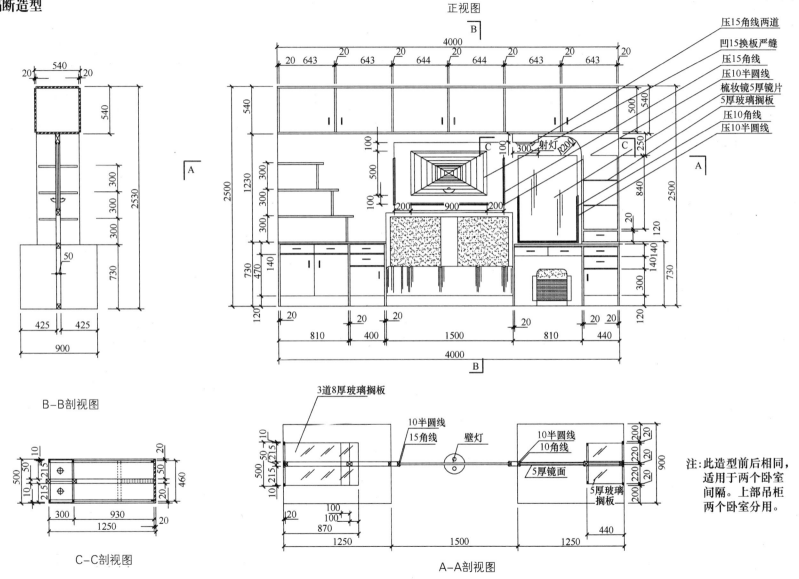

正视图

压15角线两道
凹15换板严缝
压15角线
压10半圆线
梳妆镜5厚镜片
5厚玻璃搁板
压10角线
压10半圆线

4000

2500

2530

射灯

B-B剖视图

C-C剖视图

A-A剖视图

3道8厚玻璃搁板

10半圆线
15角线
壁灯
10半圆线
10角线
5厚镜面
5厚玻璃搁板

注:此造型前后相同,
适用于两个卧室
间隔。上部吊柜
两个卧室分用。

隔断造型

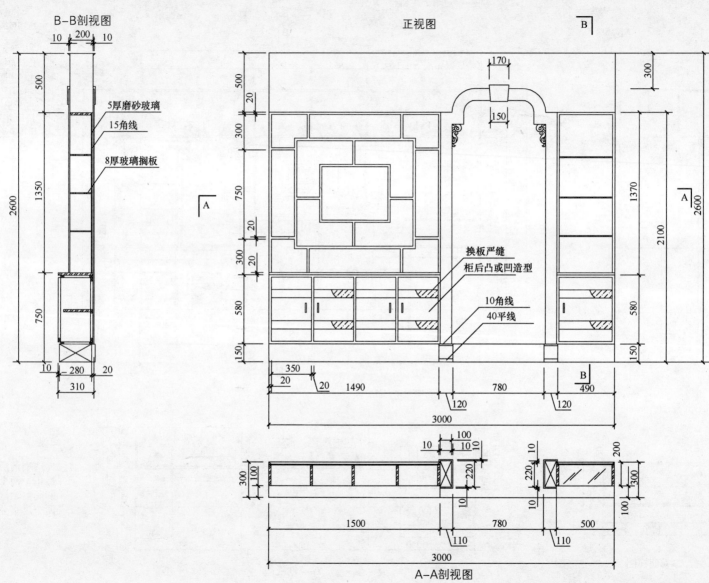

B-B剖视图

5厚磨砂玻璃

15角线

8厚玻璃搁板

正视图

换板严缝
柜后凸或凹造型

10角线
40平线

A-A剖视图

隔断造型

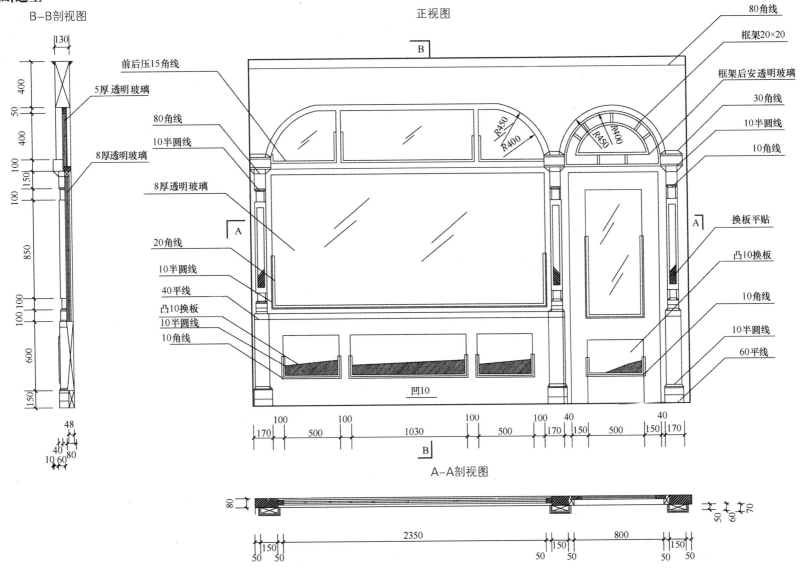

B-B剖视图

正视图

前后压15角线

5厚 透明玻璃

80角线

10半圆线

8厚透明玻璃

8厚透明玻璃

20角线

10半圆线

40平线

凸10换板

10半圆线

10角线

凹10

80角线

框架20×20

框架后安透明玻璃

30角线

10半圆线

10角线

换板平贴

凸10换板

10角线

10半圆线

60平线

R450
R400

R400
R450

A-A剖视图

133

隔断造型

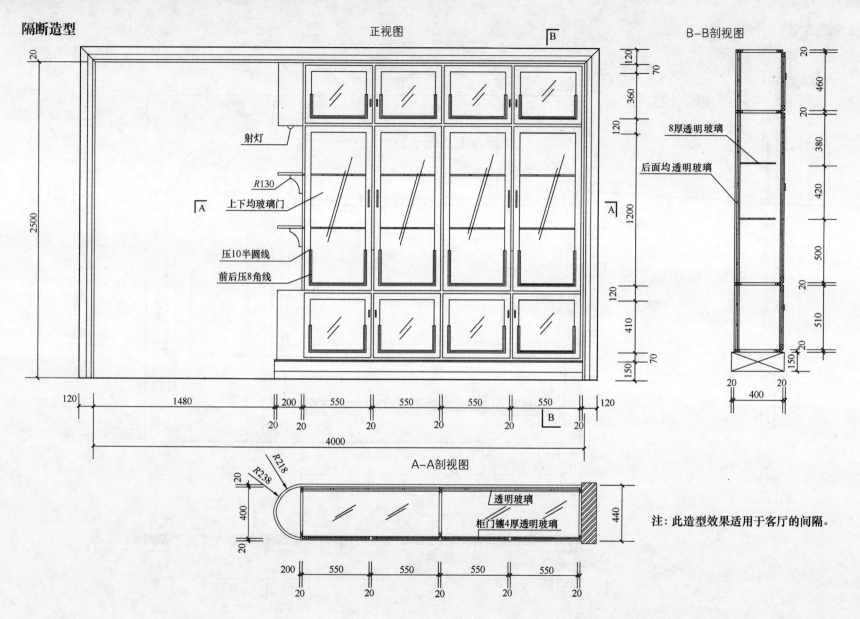

正视图

B-B剖视图

射灯

R130

上下均玻璃门

压10半圆线

前后压8角线

8厚透明玻璃

后面均透明玻璃

20 1480 200 550 550 550 550 120
20 20 20 20 20 20
4000

120 70 360 120 1200 120 410 70 150

120 20 460 20 380 420 500 20 510 20 150 20
20 20 400

A-A剖视图

R218
R238
20
400
20

透明玻璃
柜门镶4厚透明玻璃

440

200 550 550 550 550
20 20 20 20 20

注:此造型效果适用于客厅的间隔。

隔断造型

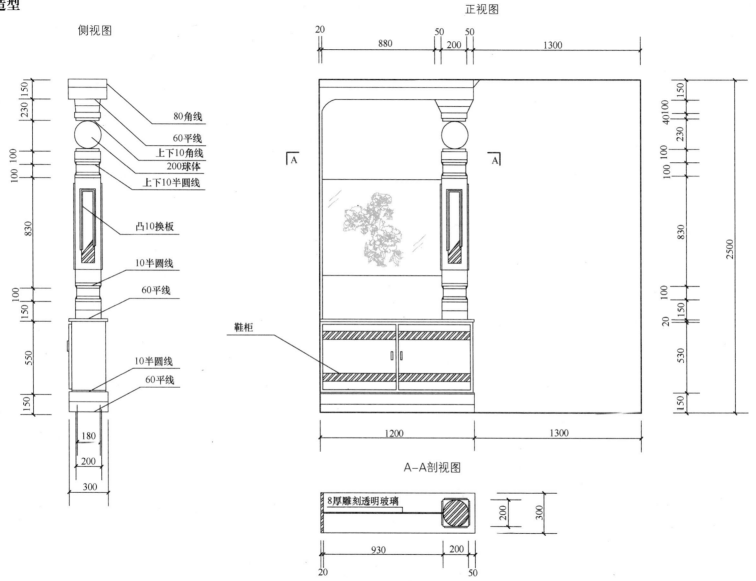

侧视图

正视图

80角线
60平线
上下10角线
200球体
上下10半圆线

凸10换板

10半圆线

60平线

10半圆线

60平线

鞋柜

A—A剖视图

8厚雕刻透明玻璃

135

隔断造型

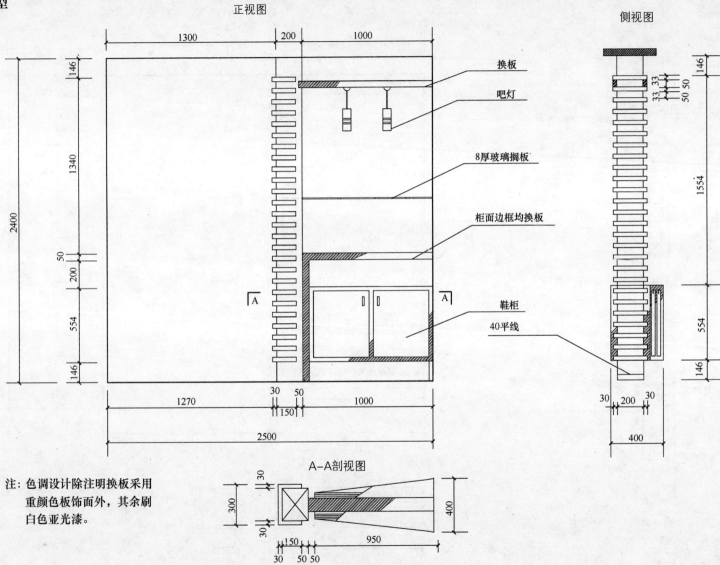

正视图

侧视图

换板

吧灯

8厚玻璃搁板

柜面边框均换板

鞋柜

40平线

注：色调设计除注明换板采用
重颜色板饰面外，其余刷
白色亚光漆。

A—A剖视图

隔断造型

正视图

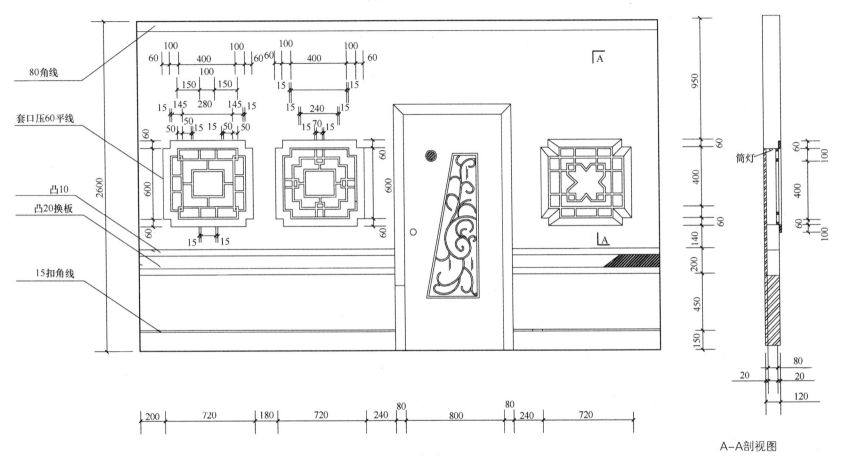

80角线

套口压60平线

凸10

凸20换板

15扣角线

A—A剖视图

筒灯

注: 此造型效果适用于餐厅走廊,
设计三个造型效果自选。

隔断造型

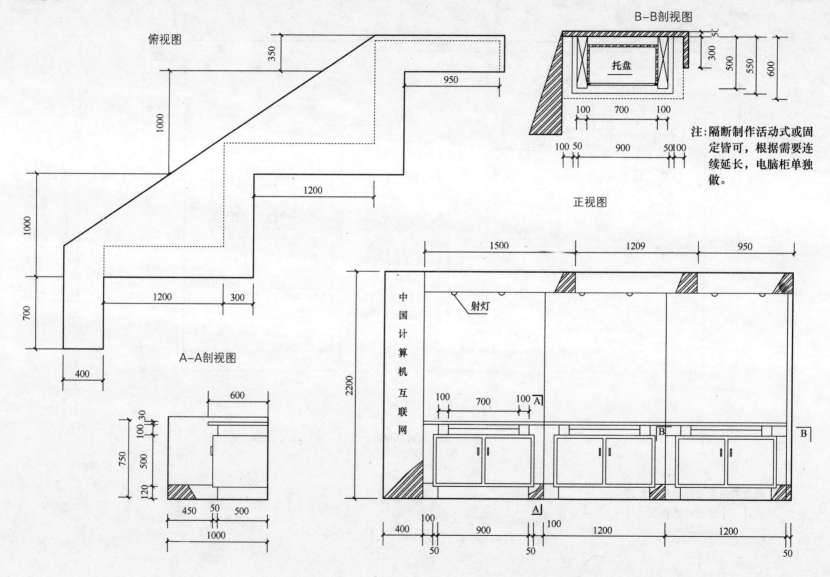

俯视图

350

950

1000

1000

1200

700

1200   300

400

A—A剖视图

600

100 30
750   500
120

450 50 500
1000

B—B剖视图

50
300   500   550   600

托盘

100   700   100

100 50   900   50 100

注:隔断制作活动式或固
定皆可,根据需要连
续延长,电脑柜单独
做。

正视图

1500   1209   950

射灯

中
国
计
算
机
互
联
网

2200

100   700   100 A

A

B

B

400   100   900   100   1200   1200

50   50   50

隔断造型

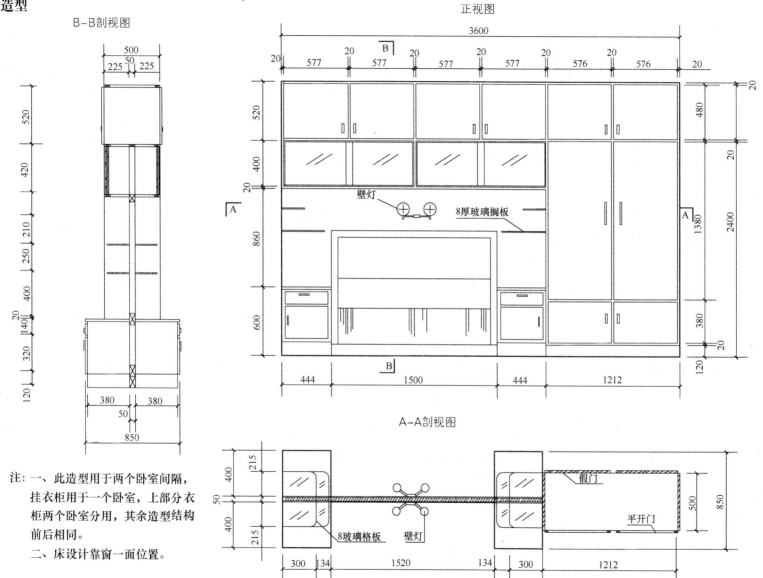

B-B剖视图

正视图

壁灯

8厚玻璃搁板

A-A剖视图

假门

平开门

8玻璃格板

壁灯

注：一、此造型用于两个卧室间隔，挂衣柜用于一个卧室，上部分衣柜两个卧室分用，其余造型结构前后相同。

二、床设计靠窗一面位置。

139

隔断造型

俯视图

正视图

A-A剖视图

100石膏线

射灯

缝3宽

8厚磨边明玻璃

凹 10

换板

柜面换板

注: 造型除注明换板刷
透明漆外, 其余均
白色亚光漆。

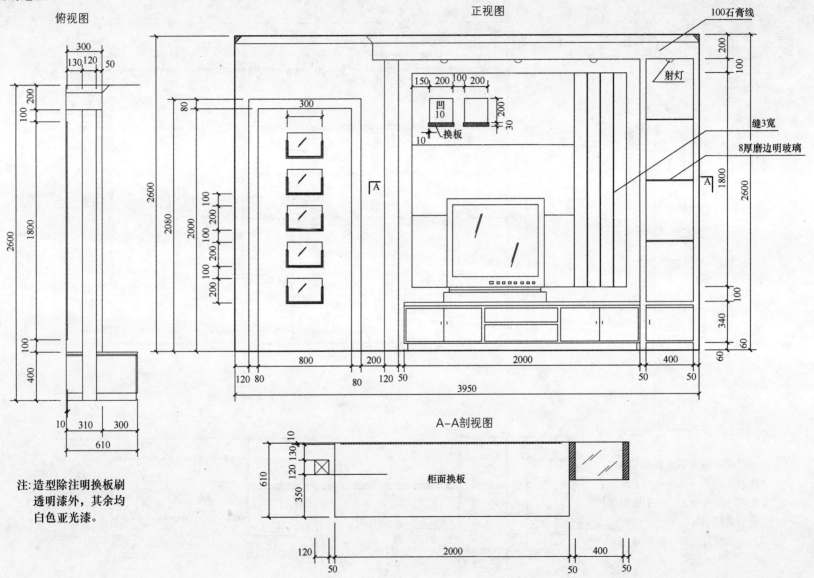

隔断造型

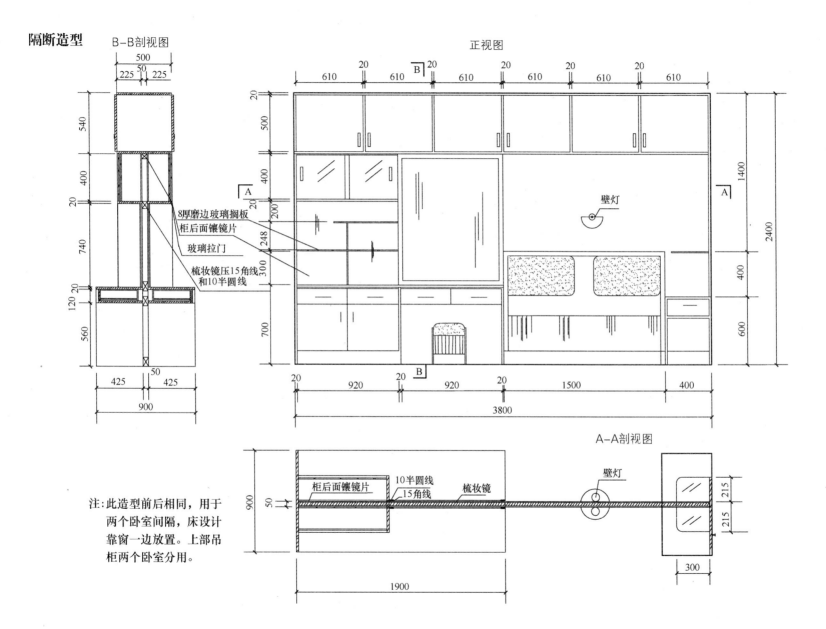

B-B剖视图

正视图

8厚磨边玻璃搁板
柜后面镶镜片
玻璃拉门
梳妆镜压15角线
和10半圆线

壁灯

注:此造型前后相同,用于
两个卧室间隔,床设计
靠窗一边放置。上部吊
柜两个卧室分用。

A-A剖视图

柜后面镶镜片
10半圆线
15角线
梳妆镜
壁灯

隔断造型

B-B剖视图

正视图

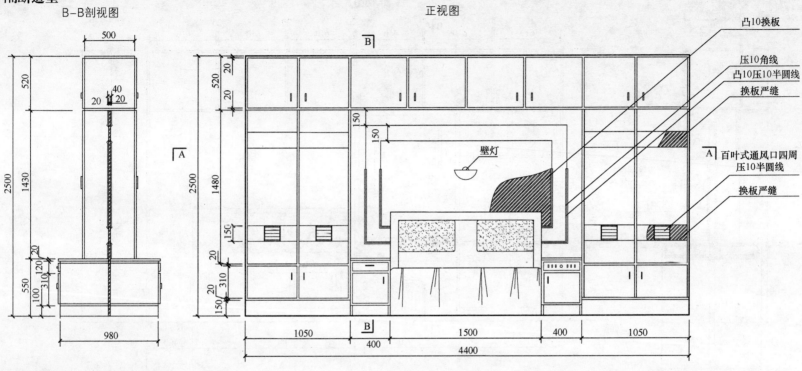

凸10换板

压10角线

凸10压10半圆线

换板严缝

百叶式通风口四周压10半圆线

换板严缝

壁灯

500

520

2500

1430

550

20

120

310

100

40

20 20

20

980

520

20

150

150

2500

1480

150

20

310

20

150

400

1050

1500

400

1050

4400

注:两个卧室间隔采用此造型效果,
前后造型相同,床对头安放。

A-A剖视图

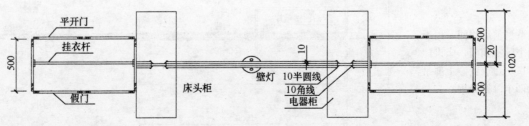

平开门

挂衣杆

假门

床头柜

壁灯

10

10半圆线

10角线

电器柜

500

500

500

20

1020

142

玻璃拉门隔断造型

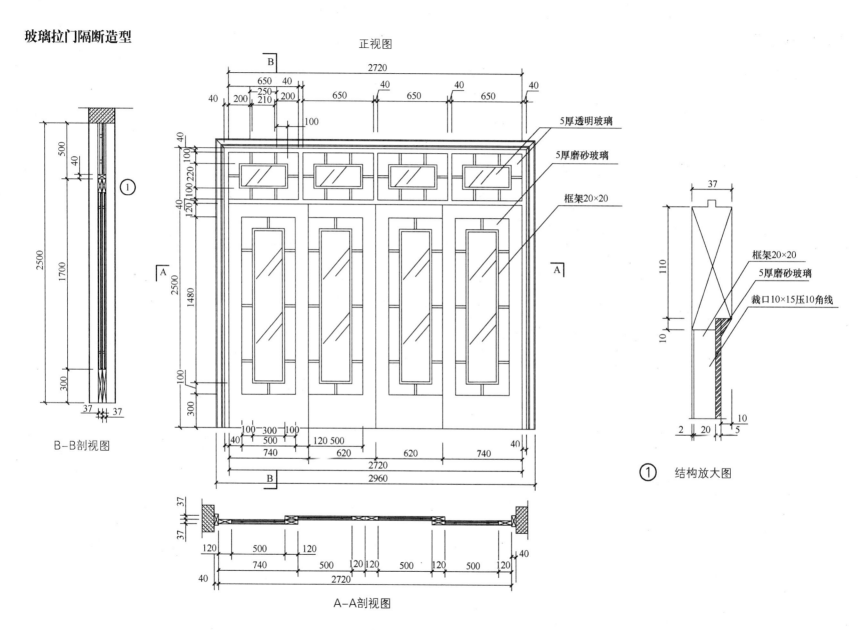

正视图

5厚透明玻璃

5厚磨砂玻璃

框架20×20

B—B剖视图

A—A剖视图

框架20×20

5厚磨砂玻璃

裁口10×15压10角线

① 结构放大图

143

隔断墙面造型

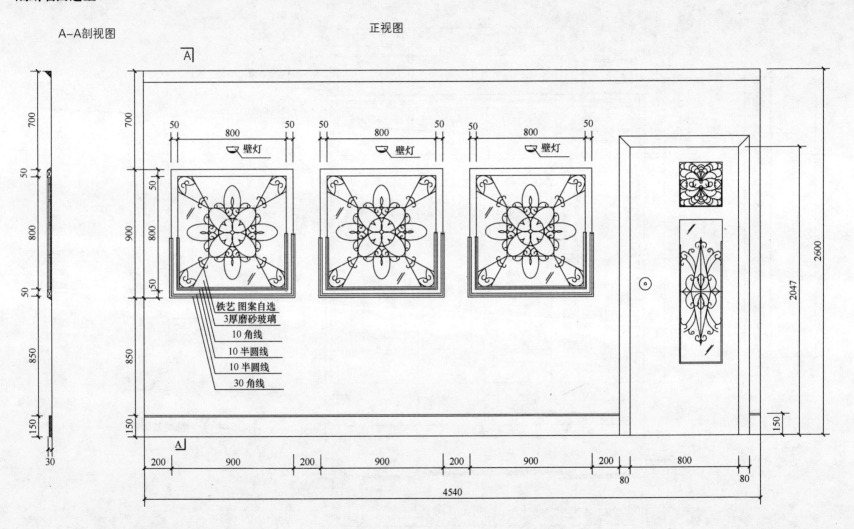

A-A剖视图   正视图

700

50

800

850

150

30

700

50

800

850

150

50   800   50   50   800   50   50   800   50

壁灯   壁灯   壁灯

50

800

50

铁艺 图案自选
3厚磨砂玻璃
10 角线
10 半圆线
10 半圆线
30 角线

2600

2047

150

A

A

200   900   200   900   200   900   200   800

80   80

4540

注：此造型效果适用于餐厅走廊。

144

矮隔断造型

正视图

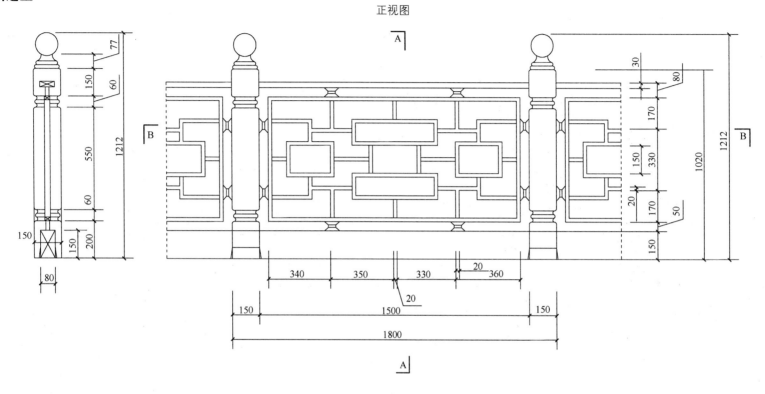

A–A剖视图

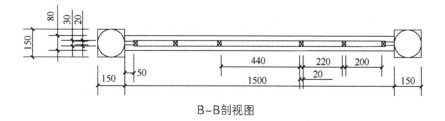

B–B剖视图

矮隔断造型

正视图

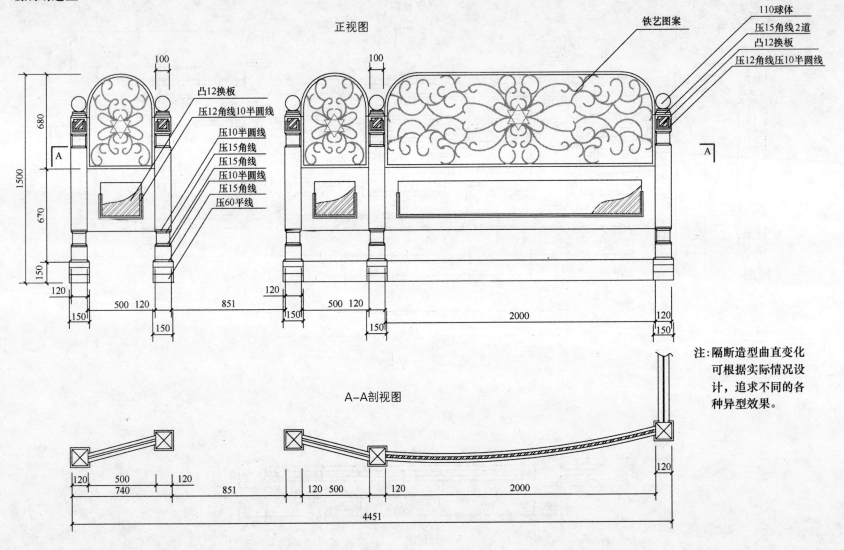

110球体
压15角线2道
凸12换板
压12角线压10半圆线

铁艺图案

凸12换板
压12角线10半圆线

压10半圆线
压15角线
压15角线
压10半圆线
压15角线
压60平线

100
100
680
1500
670
150
120
150
500 120
851
500 120
2000
120
150
150
120
120
150

注:隔断造型曲直变化
可根据实际情况设
计,追求不同的各
种异型效果。

A—A剖视图

120 500 120
740
851
120 500 120
2000
120
4451

矮玻璃隔断造型

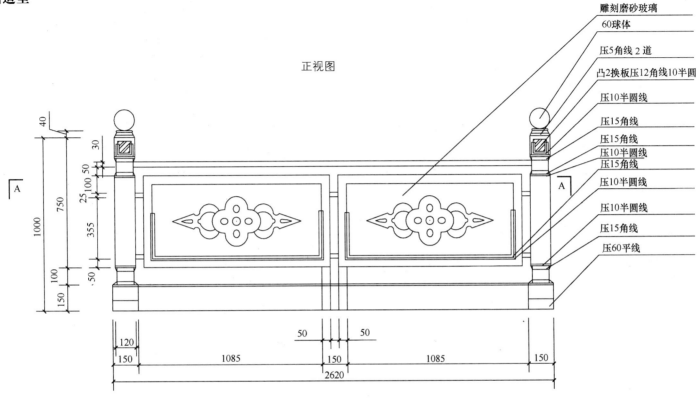

正视图

雕刻磨砂玻璃
60球体
压5角线 2 道
凸2换板压12角线10半圆
压10半圆线
压15角线
压15角线
压10半圆线
压15角线
压10半圆线
压10半圆线
压15角线
压60平线

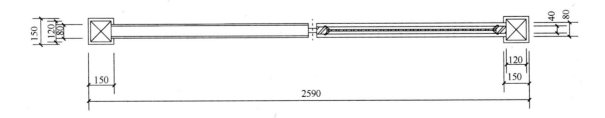

A—A剖视图

147

矮玻璃隔断造型

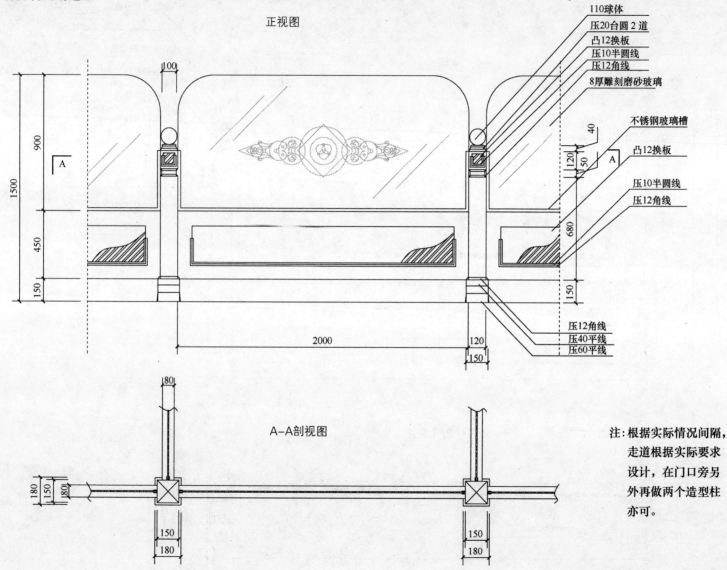

正视图

110球体
压20台圆2道
凸12换板
压10半圆线
压12角线
8厚雕刻磨砂玻璃

不锈钢玻璃槽
凸12换板
压10半圆线
压12角线

压12角线
压40平线
压60平线

100

1500
900
450
150

40
120
50
680
150

2000
120
150

80

A—A剖视图

180
150
80

150
180

150
180

注：根据实际情况间隔，
走道根据实际要求
设计，在门口旁另
外再做两个造型柱
亦可。

小隔断造型

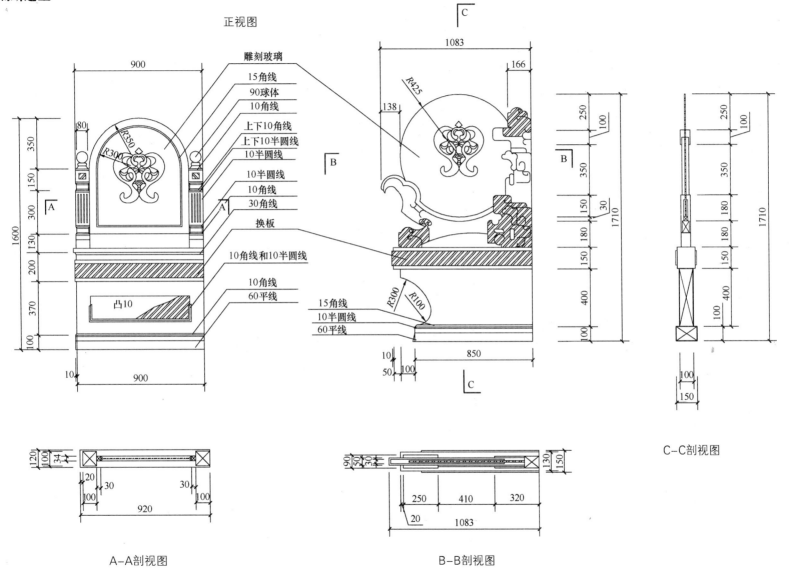

正视图

雕刻玻璃
15角线
90球体
10角线
上下10角线
上下10半圆线
10半圆线

10半圆线
10角线
30角线

换板

10角线和10半圆线

10角线
60平线

凸10

15角线
10半圆线
60平线

A—A剖视图

B—B剖视图

C—C剖视图

小隔断造型

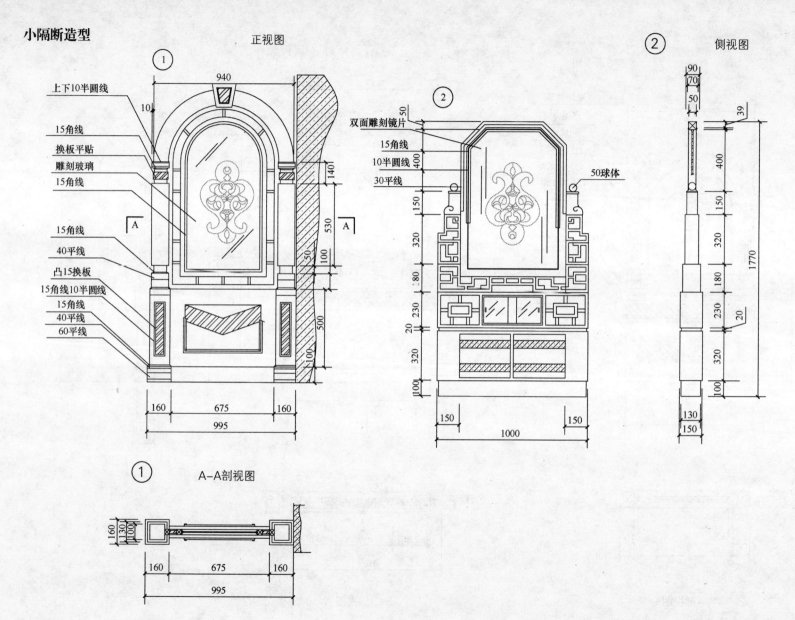

正视图

① 940

上下10半圆线

10

15角线
换板平贴
雕刻玻璃
15角线

15角线
40平线

凸15换板

15角线10半圆线
15角线
40平线
60平线

140

530

50
100

500

100

160   675   160
995

② 侧视图

50
双面雕刻镜片

15角线
10半圆线
30平线

400

50球体

150
320
80
230
20
320
100

150   1000   150

90
70
50

39

400

150
320
180
230
20
320
100

130
150

① A—A剖视图

160
130
100

160   675   160
995

150

活动式分解组合隔断造型

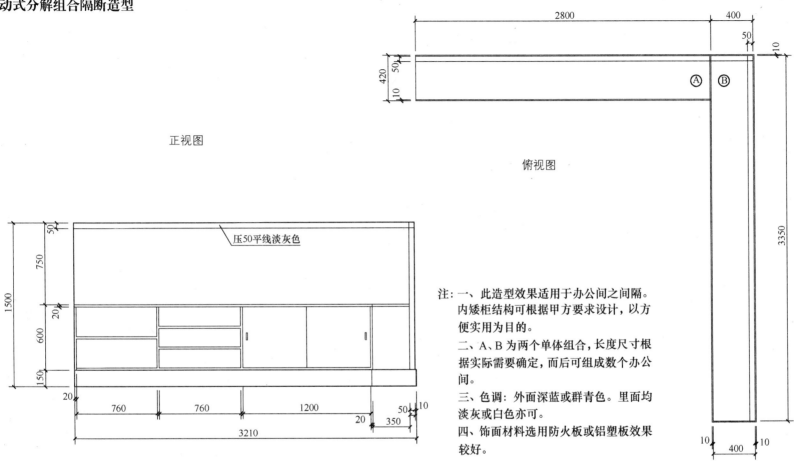

正视图

俯视图

压50平线淡灰色

注：一、此造型效果适用于办公间之间隔。内矮柜结构可根据甲方要求设计，以方便实用为目的。

二、A、B为两个单体组合，长度尺寸根据实际需要确定，而后可组成数个办公间。

三、色调：外面深蓝或群青色。里面均淡灰或白色亦可。

四、饰面材料选用防火板或铝塑板效果较好。

活动式分解组合隔断造型

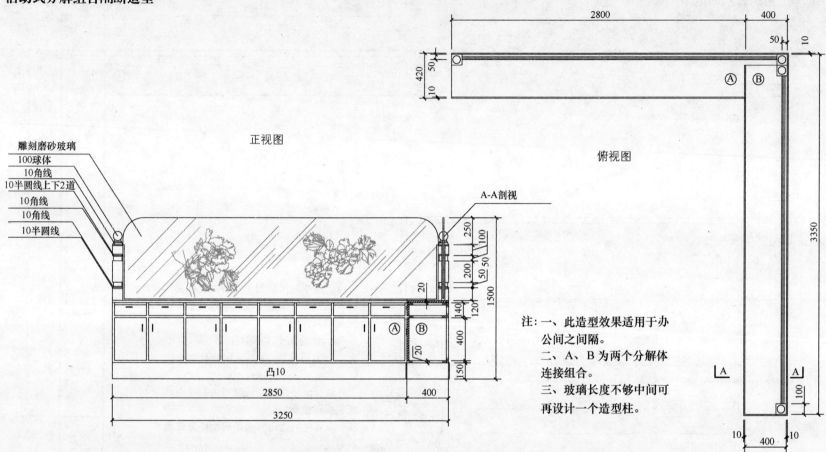

正视图

俯视图

雕刻磨砂玻璃
100球体
10角线
10半圆线上下2道
10角线
10角线
10半圆线

A-A剖视

凸10

注:一、此造型效果适用于办
公间之间隔。
二、A、B为两个分解体
连接组合。
三、玻璃长度不够中间可
再设计一个造型柱。

152

全玻璃隔断造型

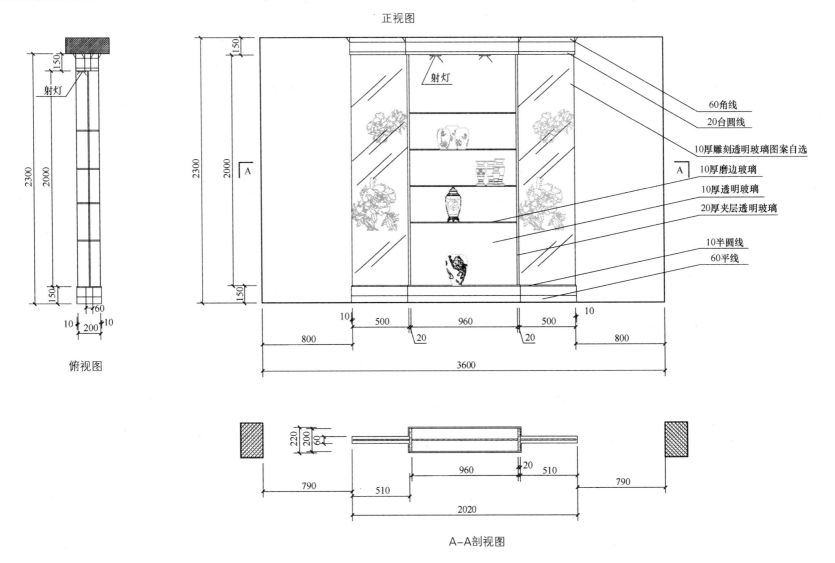

正视图

俯视图

射灯

60角线
20台圆线
10厚雕刻透明玻璃图案自选
10厚磨边玻璃
10厚透明玻璃
20厚夹层透明玻璃
10半圆线
60平线

A—A剖视图

全玻璃隔断造型

A-A剖视图

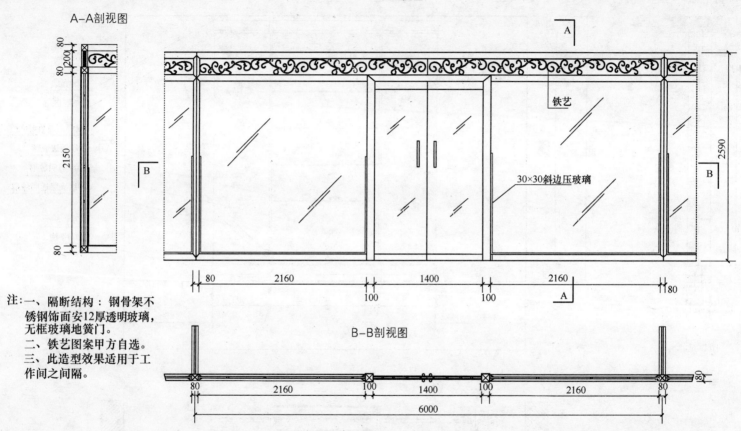

铁艺

30×30斜边压玻璃

2590

2150

80

80
200
80

80

80   2160   1400   2160   80
100   100

注：一、隔断结构：钢骨架不锈钢饰面安12厚透明玻璃，无框玻璃地簧门。
二、铁艺图案甲方自选。
三、此造型效果适用于工作间之间隔。

B-B剖视图

80   2160   100   1400   100   2160   80   80

6000

全玻璃隔断造型

正视图

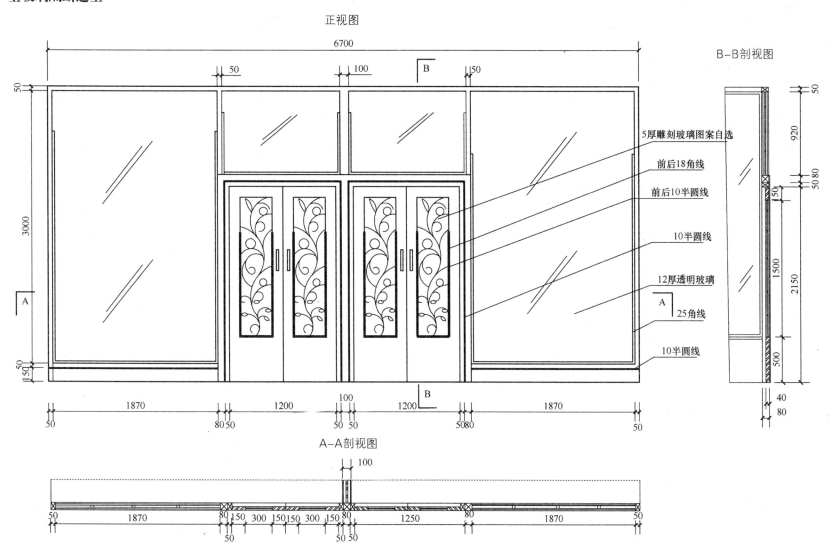

6700

50　　　100　　　50

B

50

3000

5厚雕刻玻璃图案自选

前后18角线

前后10半圆线

10半圆线

12厚透明玻璃

25角线

10半圆线

A

50
150

B

1870　　　1200　　100　　1200　　　1870

50　　　8050　　　5050　　　5080　　　50

A-A剖视图

100

50　　　1870　　80 150 300 150150 300 150 80　　1250　　80　　1870　　50

50　　　　　　　50 50

B-B剖视图

50

920

50 80

150

1500

2150

500

40
80

155

全玻璃隔断造型

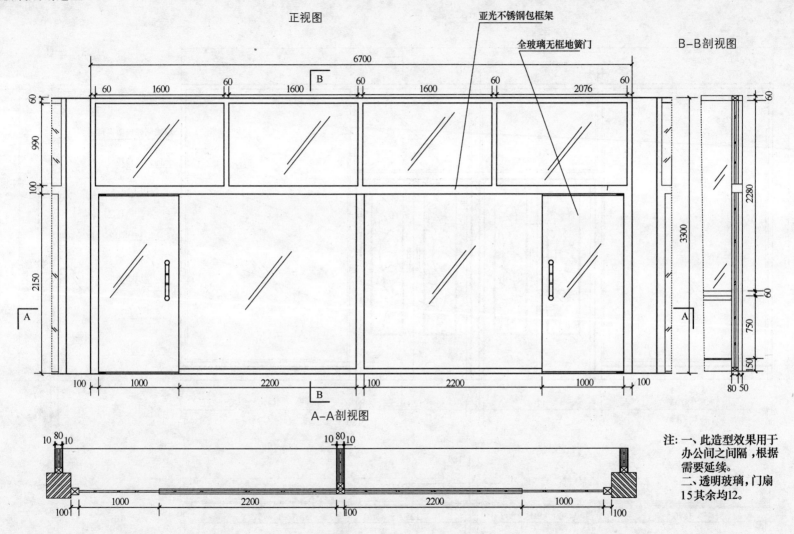

正视图

亚光不锈钢包框架

全玻璃无框地簧门

B-B剖视图

6700

60　1600　60　　1600　B　60　1600　60　2076　60

60

990

100

2150

3300

2280

60

750

150

100　1000　2200　100　2200　1000　100

80 50

B

A-A剖视图

10 80 10　　10 80 10

1000　2200　2200　1000

100　　100　　100

注：一、此造型效果用于
办公间之间隔，根据
需要延续。
二、透明玻璃，门扇
15其余均12。

156

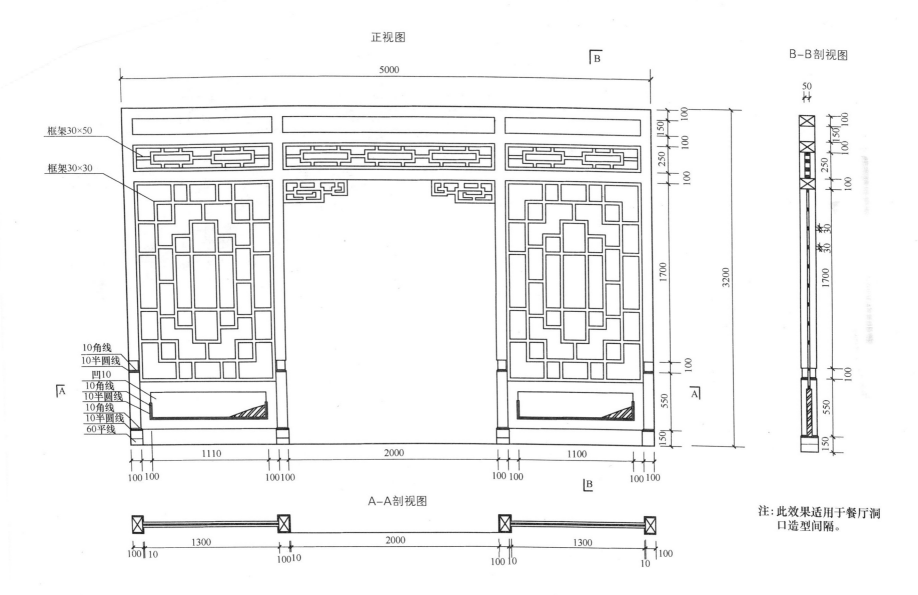

正视图

5000

框架30×50

框架30×30

10角线
10半圆线
凹10
10角线
10半圆线
10角线
10半圆线
60平线

100 100

1110

100100

2000

100 100

1100

100 100

150

250 | 150 | 100

100

100

1700

3200

100

550

150

B－B剖视图

50

150 | 100

100

250

100

1700

30 | 30

100

550

150

A－A剖视图

100 | 10

1300

10010

2000

100 | 10

1300

10

100

注：此效果适用于餐厅洞
口造型间隔。

157

仿古式隔断造型

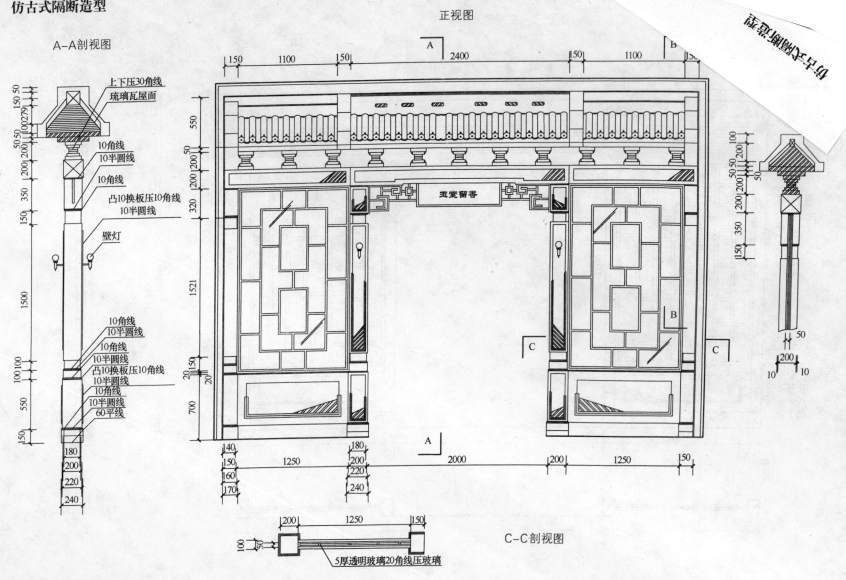

A–A剖视图

正视图

上下压30角线
琉璃瓦屋面

10角线
10半圆线

10角线

凸10换板压10角线
10半圆线

壁灯

10角线
10半圆线
10角线
10半圆线
凸10换板压10角线
10半圆线
10角线
10半圆线
60平线

玉堂留香

C–C剖视图

5厚透明玻璃20角线压玻璃

仿古式隔断造型

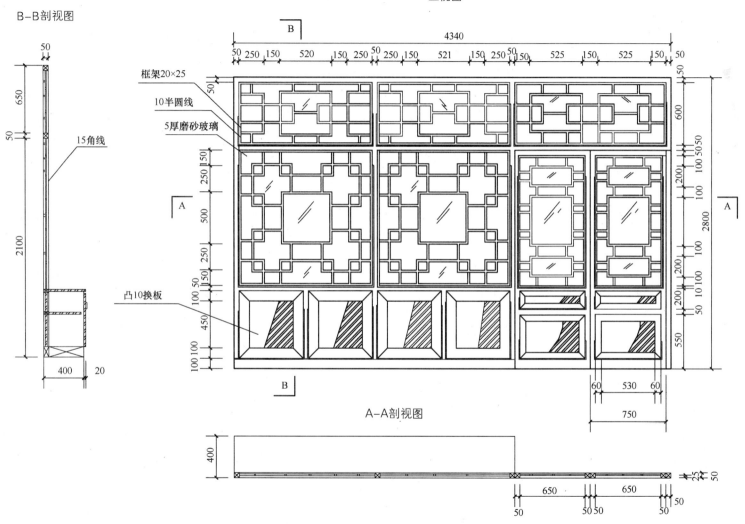

B—B剖视图

正视图

框架20×25

10半圆线

5厚磨砂玻璃

15角线

凸10换板

A—A剖视图

仿古式隔断造型

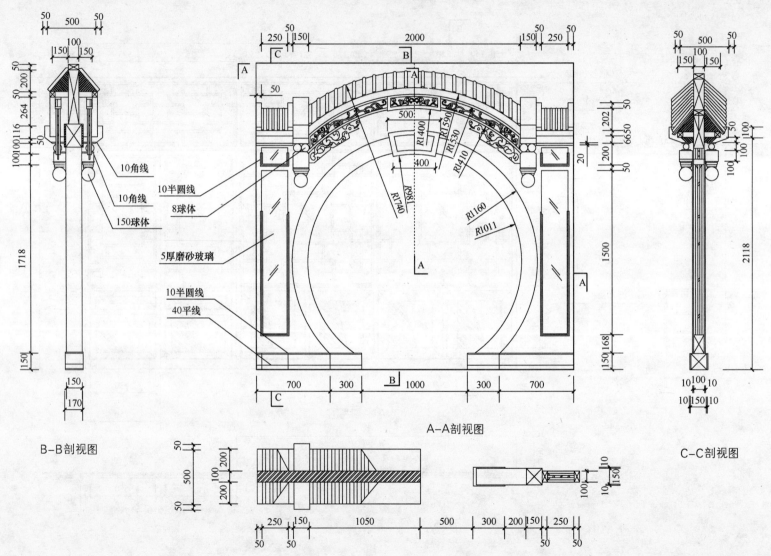

正视图

10角线
10角线
150球体

10半圆线
8球体

5厚磨砂玻璃

10半圆线
40平线

B-B剖视图

A-A剖视图

C-C剖视图

仿古式隔断造型

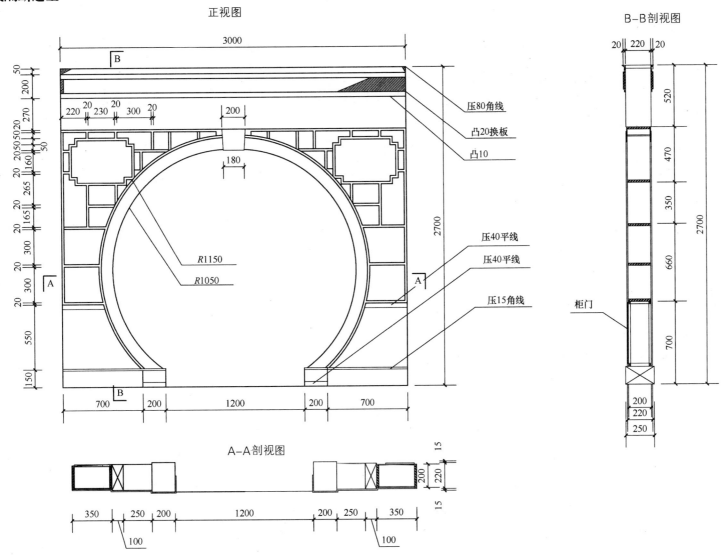

正视图

3000

B

压80角线

凸20换板

凸10

R1150

R1050

压40平线

压40平线

压15角线

2700

A

B

700　200　1200　200　700

50
200
270
2050 50 20
50
20 160
265
20 165
300
20
300
20
550
150

220 20 230 20 300 20

200

180

B—B剖视图

20 220 20

520

470

350

660

700

2700

柜门

200
220
250

A—A剖视图

15

200 220

15

350　250　200　1200　200　250　350

100　　　　　　　　　　100

仿古式隔断造型

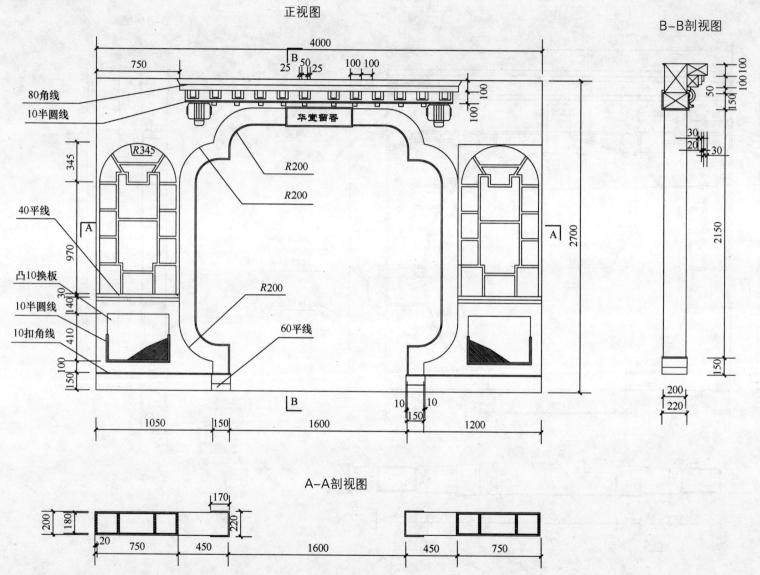

正视图

4000

750

B 50
25   125   100 100

80角线

10半圆线

华堂留香

R345

R200

R200

40平线

970

凸10换板

10半圆线

10扣角线

R200

60平线

345

30 40

410

100 150

100

100 100

B

1050   150   1600   10 10   1200
              150

A—A剖视图

200 180

170

220

20   750   450   1600   450   750

B—B剖视图

100 100

50

150

30
20   30

2150

150

200
220

仿古式隔断造型

正视图

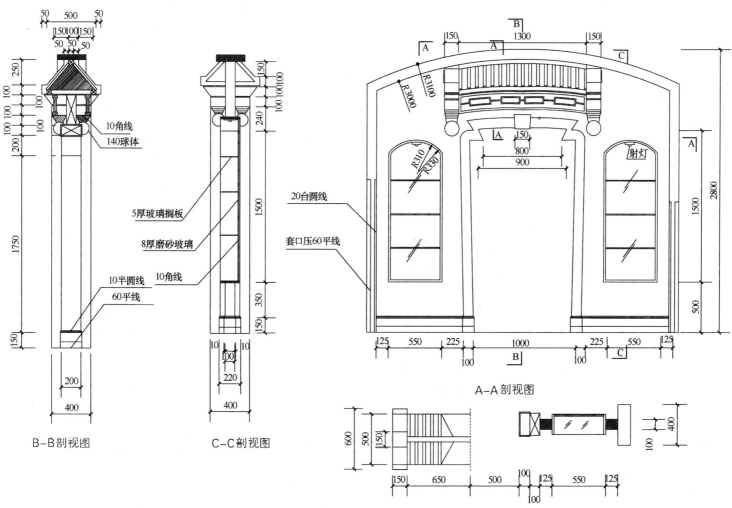

10角线
140球体

5厚玻璃搁板

8厚磨砂玻璃

10半圆线
10角线
60平线

B-B剖视图

C-C剖视图

20台圆线

套口压60平线

射灯

A-A剖视图

仿古式隔断造型

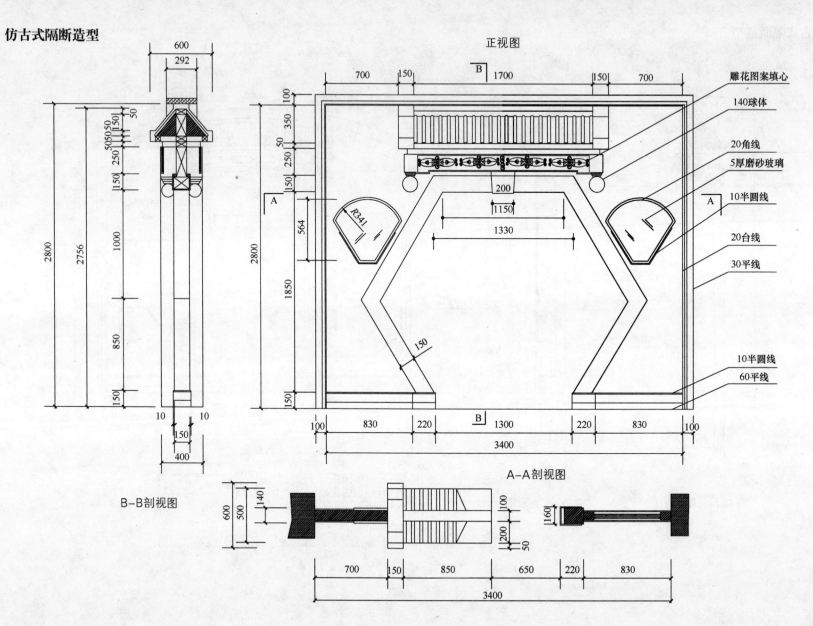

正视图

雕花图案填心

140球体

20角线

5厚磨砂玻璃

10半圆线

20台线

30平线

10半圆线

60平线

B-B剖视图

A-A剖视图

仿古式隔断造型

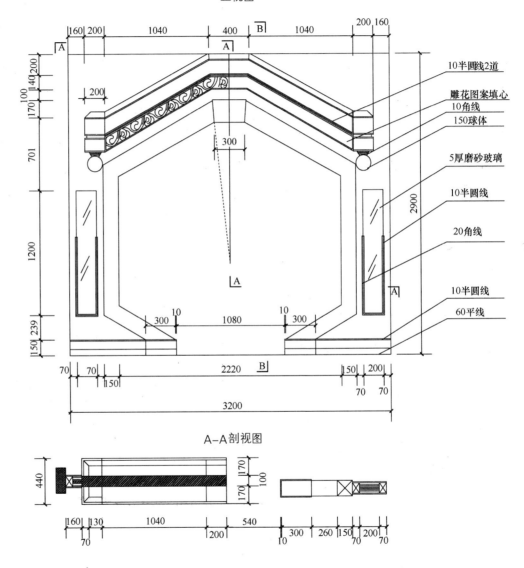

B-B剖视图

正视图

10半圆线2道

雕花图案填心
10角线
150球体

5厚磨砂玻璃

10半圆线

20角线

10半圆线

60平线

A-A剖视图

仿古式隔断造型

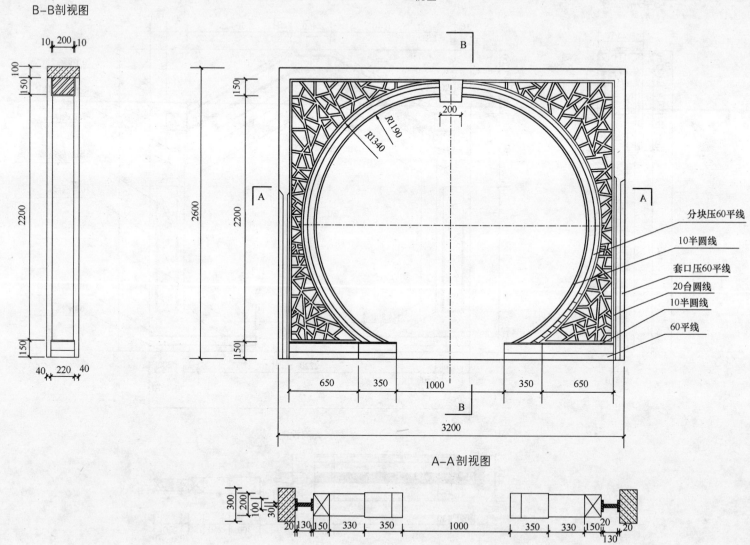

B-B剖视图

10 200 10

100
150
2200
150

40 220 40

正视图

B

150
2600
2200
150

R1190
R1340

200

分块压60平线
10半圆线
套口压60平线
20台圆线
10半圆线
60平线

A
A

650 350 1000 350 650

3200

B

A-A剖视图

300
200
100
30

20 130 150 330 350 1000 350 330 150 20
130 20

仿古式隔断造型

A–A剖视图

正视图

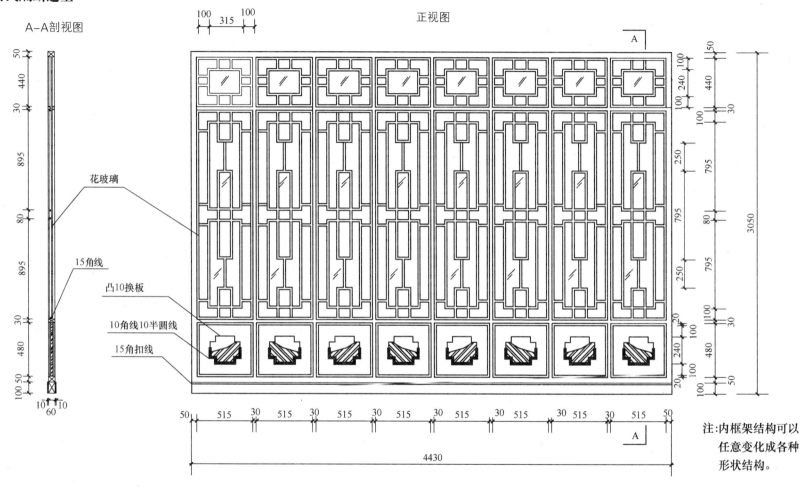

花玻璃

15角线

凸10换板

10角线10半圆线

15角扣线

注:内框架结构可以
任意变化成各种
形状结构。

圆柱带陈列柜造型

A-A剖视图

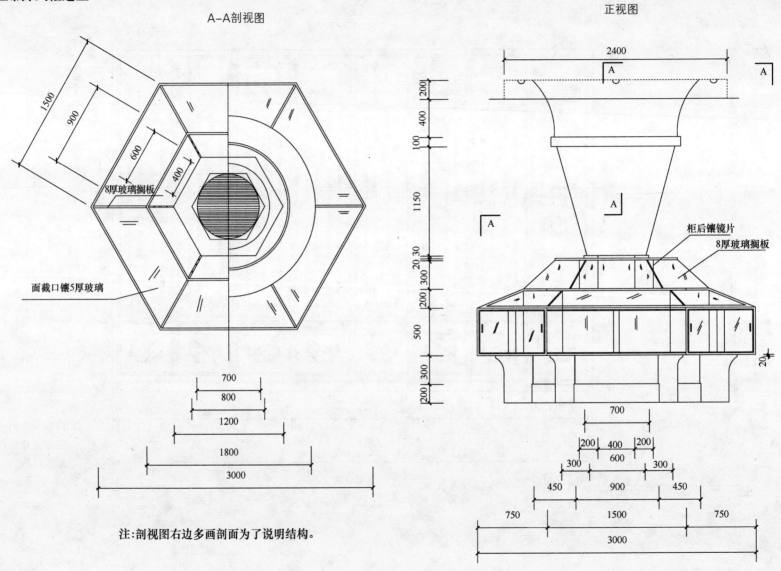

8厚玻璃搁板

面截口镶5厚玻璃

700
800
1200
1800
3000

正视图

2400

A

柜后镶镜片
8厚玻璃搁板

200 400 200
100
1150
20 30
200 300
500
200 300

700

200 400 200
600
300 300
450 900 450
750 1500 750
3000

注:剖视图右边多画剖面为了说明结构。

168

圆柱带陈列柜造型

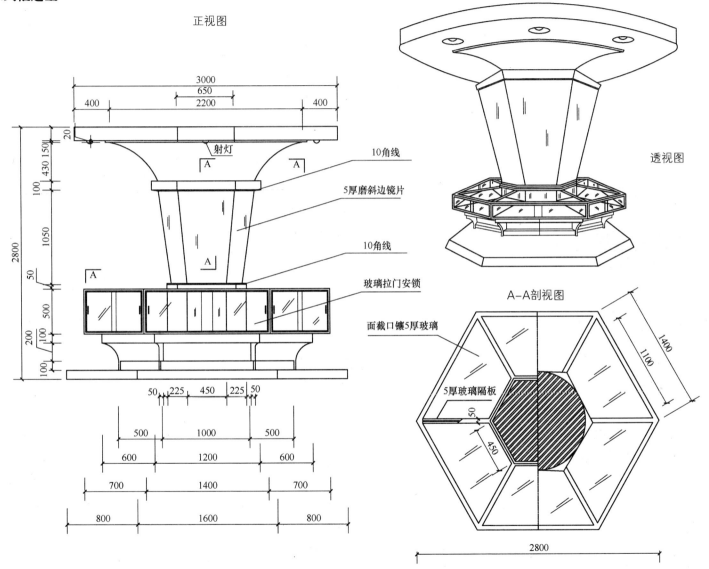

正视图

3000
650
2200
400　　400

20
射灯
430 150
100
10角线

5厚磨斜边镜片

1050

10角线

50

玻璃拉门安锁

500

面截口镶5厚玻璃

200
100
100

50　225　450　225　50

500　　1000　　500

600　　1200　　600

700　　1400　　700

800　　1600　　800

2800

透视图

A-A剖视图

5厚玻璃隔板
50
450
1400
1100

2800

圆柱造型

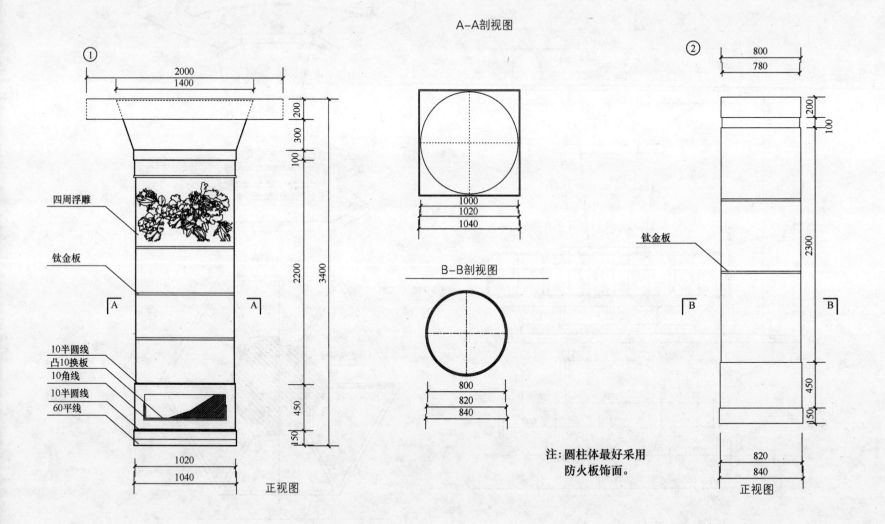

A-A剖视图

① 2000 / 1400

200 / 300 / 100 / 2200 / 450 / 150 / 3400

四周浮雕

钛金板

A A

10半圆线
凸10换板
10角线
10半圆线
60平线

1020 / 1040

正视图

1000
1020
1040

B-B剖视图

800
820
840

② 800 / 780

200 / 100 / 2300 / 450 / 150

钛金板

B B

820
840

正视图

注:圆柱体最好采用
防火板饰面。

方柱造型

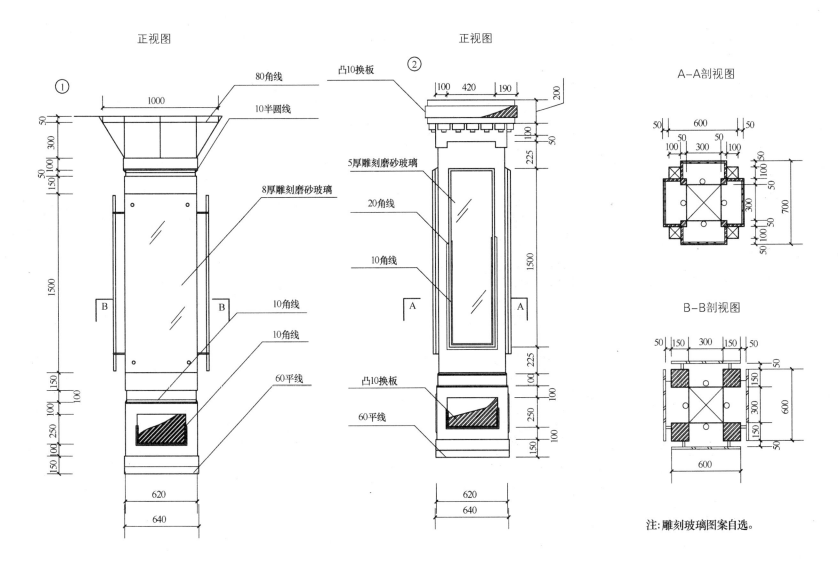

正视图

① 80角线
1000
10半圆线
8厚雕刻磨砂玻璃
10角线
10角线
60平线
620
640

正视图

② 凸10换板
100 420 190 200
5厚雕刻磨砂玻璃
20角线
10角线
凸10换板
60平线
620
640

A—A剖视图

50 600 50
50 50
100 300 100
50
100
300
700
50
100
50

B—B剖视图

50 150 300 150 50
50
150
300
600
150
50
600

注:雕刻玻璃图案自选。

171

方柱造型

正视和剖视图

①

正视图和局部剖视图

②

A–A剖视图

射灯

805

80角线

10半圆线

换板平贴

20角线

凹10换板

压10半圆线和10角线

30半圆线

10半圆线

60平线

560

20

100

100

20

100柱体

压20角线

压40角线

凸10换板

压10半圆线和10角线

压10半圆线和10角线

60平线

台面放花盆

150 250 300 100

450

50

2000

550

150

800

200 200 300 100 300 100 300 100 200 200 100 150 200 150

300 200 100 1500 100 200 300

10 1500 10

20 1800 20

方柱造型

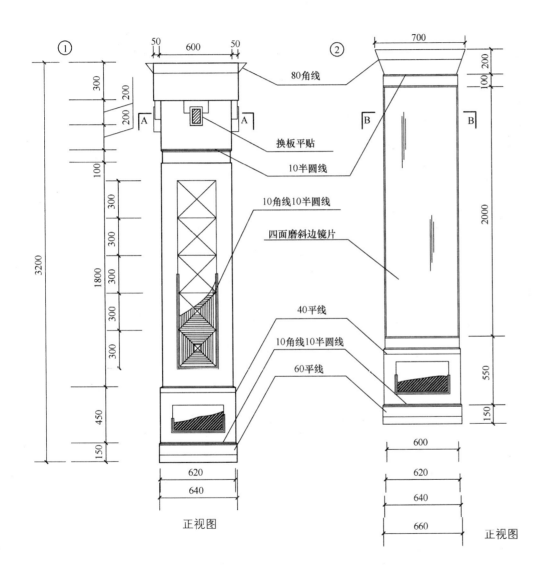

① ②

300
200 200
200

50 600 50

700

80角线

3200

100 200

200

换板平贴

10半圆线

300

100

2000

300

300

10角线10半圆线

300

四面磨斜边镜片

1800

300

300

40平线

300

10角线10半圆线

60平线

550

450

150

150

620
640

600
620
640
660

正视图

正视图

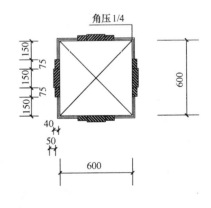

B-B剖视图
5厚磨斜边镜片

600
620
640
660

600
620
640
660

A-A剖视图

角压1/4

150 150 150
75
150 150
75

600

40
50
600

173

包圆柱带商品柜台和售货台造型

A—A剖视图

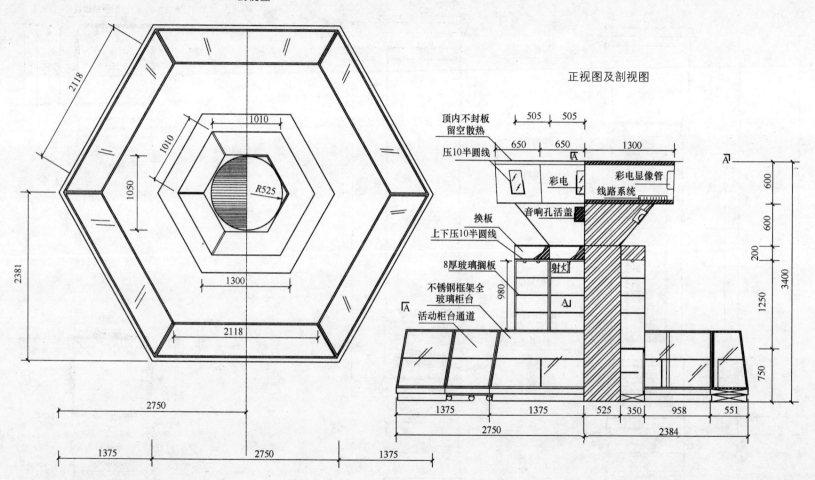

正视图及剖视图

2118

1010

1010

1050

R525

1300

2381

2118

2750

1375   2750   1375

顶内不封板留空散热
压10半圆线

505   505

650   650   1300

彩电
彩电显像管线路系统

音响孔活盖

换板
上下压10半圆线

8厚玻璃搁板

射灯

不锈钢框架全玻璃柜台

活动柜台通道

980

600

600

200

1250

750

3400

1375   1375   525   350   958   551

2750   2384

注: 一、造型效果设计八边形亦可。
　　二、音箱孔设计活盖可做检查孔用。

仿古式床（炕）口造型

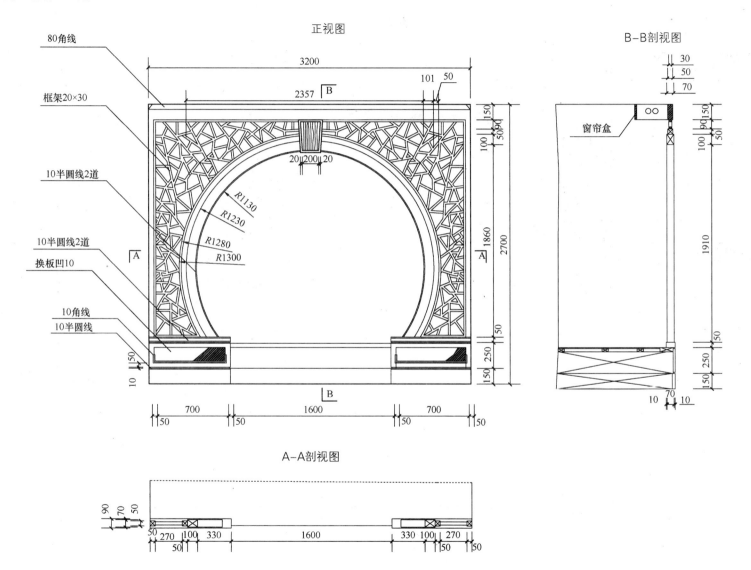

正视图

80角线

框架20×30

10半圆线2道

10半圆线2道

换板凹10

10角线

10半圆线

3200

2357

101 50

150

100

2700

1860

20 200 20

R1130

R1230

R1280

R1300

50

250

150

50

700

1600

700

50 50 50 50

B–B剖视图

30

50

70

窗帘盒

150

100

90

50

1910

50

250

150

10 70 10

A–A剖视图

90 70 50

50 270 100 330

50

1600

330 100 270

50 50

床（炕）口造型

正视图

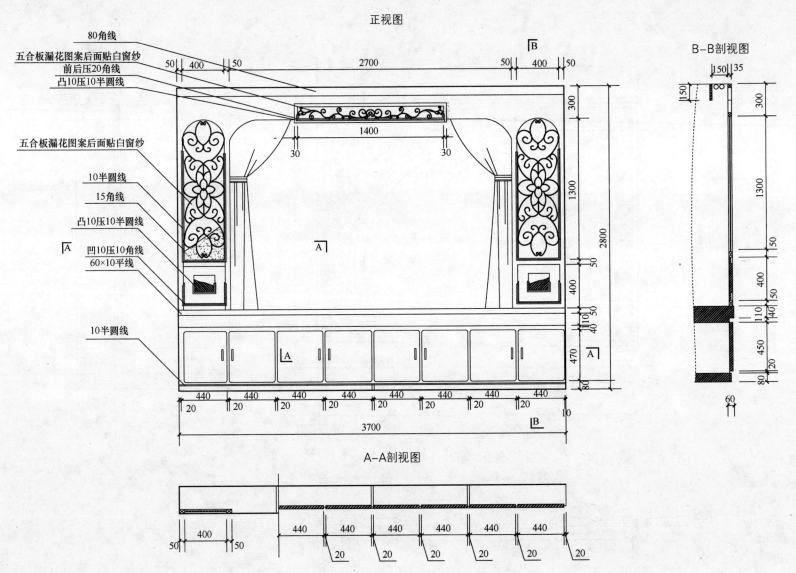

80角线
五合板漏花图案后面贴白窗纱
前后压20角线
凸10压10半圆线
五合板漏花图案后面贴白窗纱
10半圆线
15角线
凸10压10半圆线
凹10压10角线
60×10平线
10半圆线

50 400 50 2700 50 400 50
300
1400
30 30
1300
2800
50
400
50
110 50
40
470
80
20 440 20 440 20 440 20 440 20 440 20 440 20 440 20 10
3700

A—A剖视图

50 400 50 440 440 440 440 440 440
20 20 20 20 20 20

B—B剖视图

150 35
150
300
1300
50
400
50
110
40
450
20
80
60

床（炕）口造型

正视图

300 200 300 1600 300 200 300

B

80角线

缝10×15

漏花图案图案自选

单轨对开木板拉门

50半圆线

凹10

R200
R200
R200
R200
R200
R200
R200

200 100 100
50 50

100 200 300 1400 10 300 50 350 2700

800 1600 800
3200

B

B-B剖视图

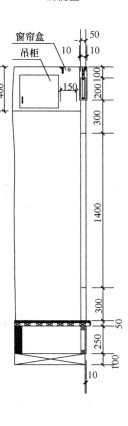

窗帘盒
吊柜

400

50
10 10

150

200 100 300 1400 300 50 250 100

10

A-A剖视图

20 160 20

50
30
10

300 300 1600 300 300
200 200

177

床（炕）口造型

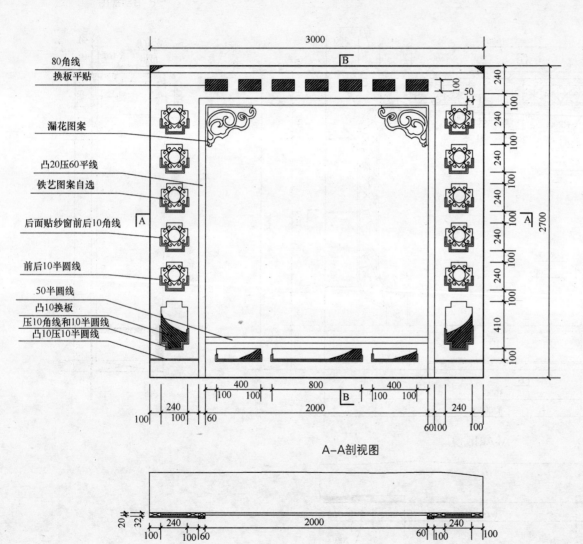

正视图

80角线
换板平贴

漏花图案

凸20压60平线

铁艺图案自选

后面贴纱窗前后10角线

前后10半圆线

50半圆线
凸10换板
压10角线和10半圆线
凸10压10半圆线

3000
240
100
50
100
240
100
240
100
240
100
240
100
240
100
410
100
2700

400   800   400
100 100   100 100
2000

240
100
100
240
100   60   60 100   100

A－A剖视图

20
32
240   2000   240
100   100 60   60   100   100

B－B剖视图

150
200
炕（窗帘盒）
240
60
2000
50
200
150
32
52

注：角漏花图案采用15密度
板，两面贴面板制作图
案。

178

床（炕）口造型

正视图

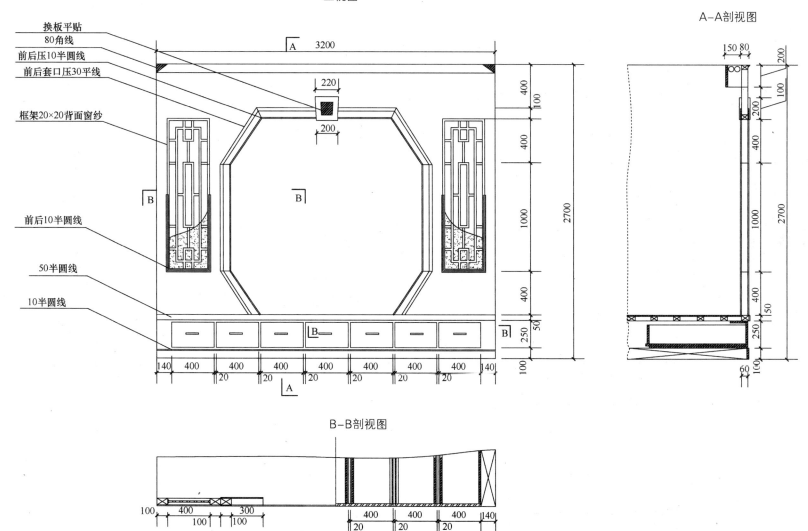

换板平贴
80角线
前后压10半圆线
前后套口压30平线

框架20×20背面窗纱

前后10半圆线

50半圆线

10半圆线

A-A剖视图

B-B剖视图

床（炕）口造型

正视图

80角线
框架料15×20
后面贴白窗纱

10半圆线
10角线

框架料15×20
后面贴白色窗纱压10角线

前后10半圆线

30平线
50×20平线
单轨对开拉门
10半圆线
凸10压10半圆线
凸10压10半圆线

400　220　　　2160　　　220　400

B

B

R200

B

B

A

A

A

330　20　200

50

1250　2800

50　200

50　200

300　200

150

850　　1600　　850
50　　　50

B

A

B-B剖视图

20 150 50

400

吊柜

50　180
10角线
120　200

1250

50　200

350　200

150

100

A-A剖视图

50

360　450　　1650　　850
20　20　　　　　50

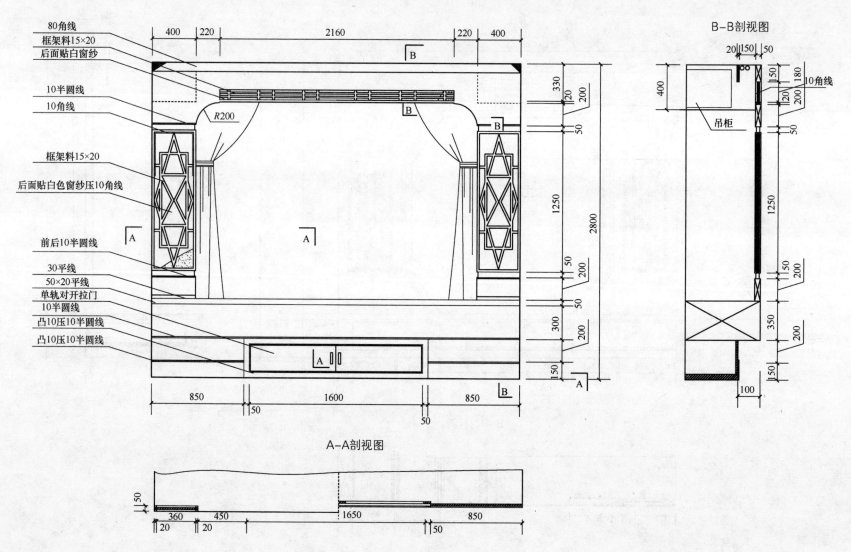

180

壁炉带供奉台造型

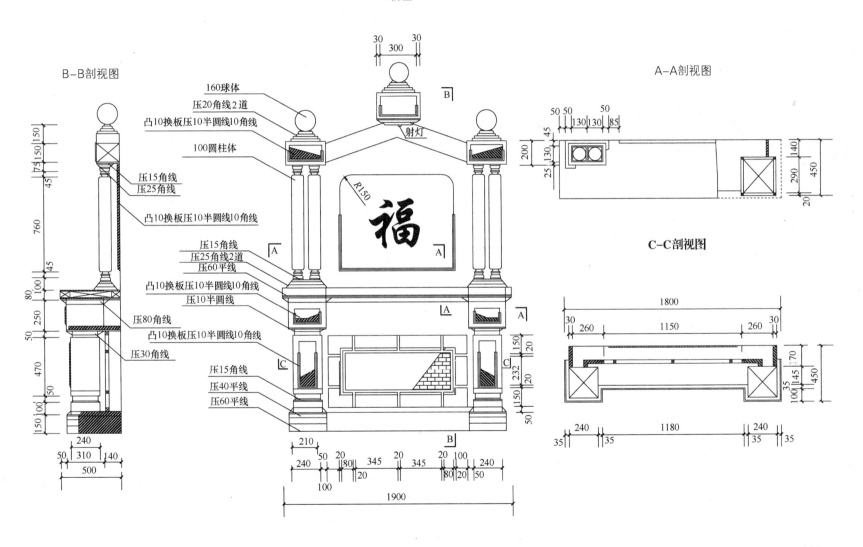

B-B剖视图

正视图

A-A剖视图

C-C剖视图

160球体
压20角线2道
凸10换板压10半圆线10角线
100圆柱体
射灯

压15角线
压25角线

凸10换板压10半圆线10角线

压15角线
压25角线2道
压60平线

凸10换板压10半圆线10角线
压10半圆线

压80角线

凸10换板压10半圆线10角线

压30角线

压15角线
压40平线
压60平线

福

R150

壁炉带供奉台造型

正视图

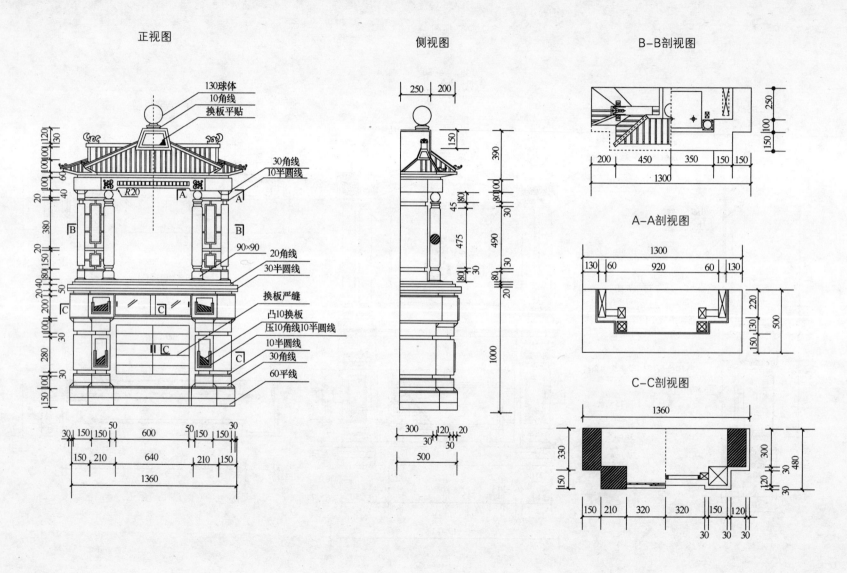

130球体
10角线
换板平贴

30角线
10半圆线

90×90
20角线
30半圆线

换板严缝
凸10换板
压10角线10平圆线
10半圆线
30角线
60平线

侧视图

B-B剖视图

A-A剖视图

C-C剖视图

壁炉带供奉台造型

正视图

A—A剖视图

B—B剖视图

C—C剖视图

标注
160 510 160 510 160
130球体
换板平贴
上下10半圆线2道
压10角线10半圆线
圆柱体造型120
压10半圆线
压80角线
150×150
凸10换板
150造型圆柱体
压10半圆线
压10半圆线
压60平线

射灯

R800 R900

1500

160 120 20 290 20 280 150

1500
40 40 180
1500
270
20 150 20

120 30 840 50 220 40 20 720 150

150 20 1120 150 20
20 150 20 1500 50 50

160 150 120 120 120 20
780 280 50 40 2280
180 100 150
450 50
720 130 20

183

暖气罩带酒柜造型

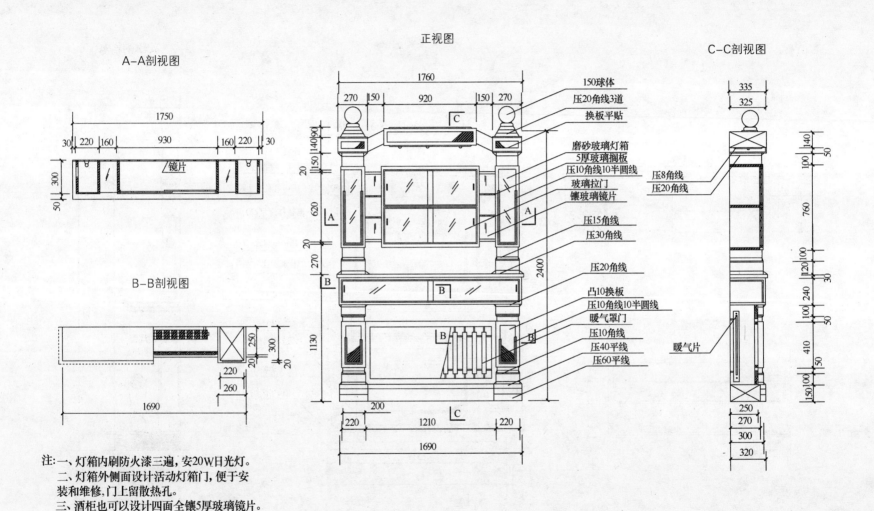

A-A剖视图

正视图

C-C剖视图

B-B剖视图

150球体
压20角线3道
换板平贴
磨砂玻璃灯箱
5厚玻璃搁板
压10角线10半圆线
玻璃拉门
镶玻璃镜片
压15角线
压30角线
压20角线
凸10换板
压10角线10半圆线
暖气罩门
压10角线
压40平线
压60平线
压8角线
压20角线
暖气片
镜片

注:一、灯箱内刷防火漆三遍,安20W日光灯。
二、灯箱外侧面设计活动灯箱门,便于安装和维修,门上留散热孔。
三、酒柜也可以设计四面全镶5厚玻璃镜片。

184

暖气罩带酒柜造型

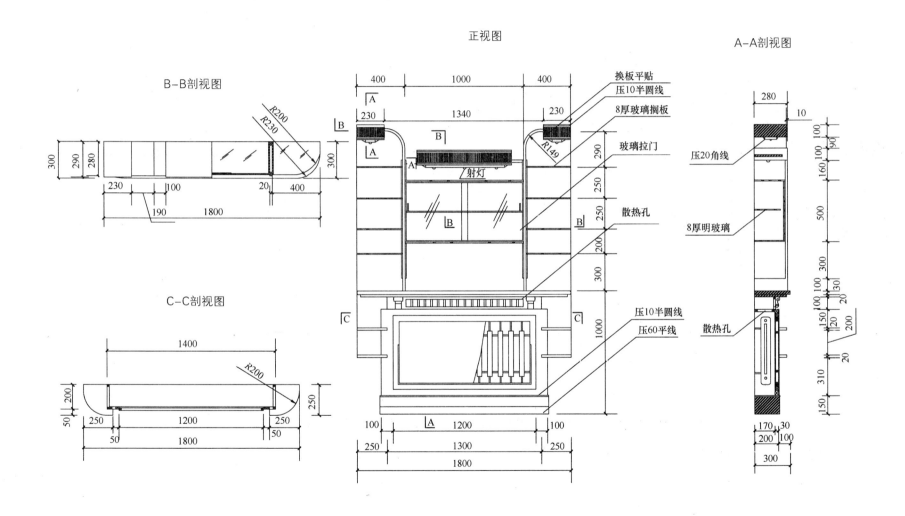

B–B剖视图

正视图

A–A剖视图

C–C剖视图

换板平贴
压10半圆线
8厚玻璃搁板
玻璃拉门
射灯
散热孔
压10半圆线
压60平线
压20角线
8厚明玻璃
散热孔

暖气罩带酒柜造型

正视图

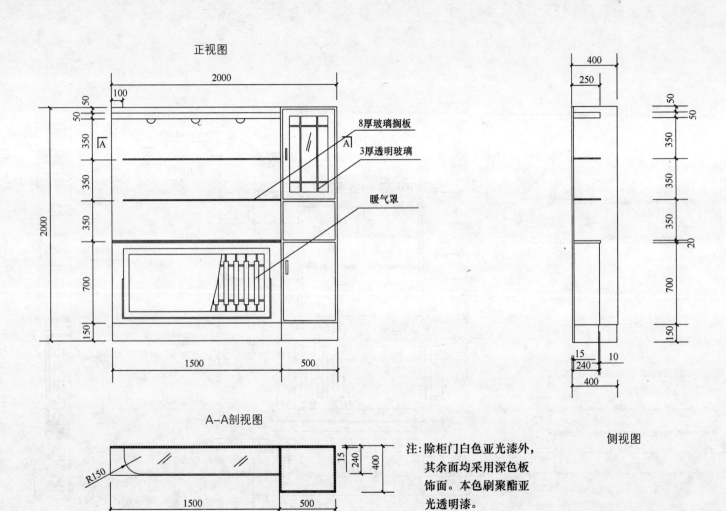

8厚玻璃搁板

3厚透明玻璃

暖气罩

A–A剖视图

侧视图

注:除柜门白色亚光漆外，其余面均采用深色板饰面。本色刷聚酯亚光透明漆。

186

酒柜带供奉台造型

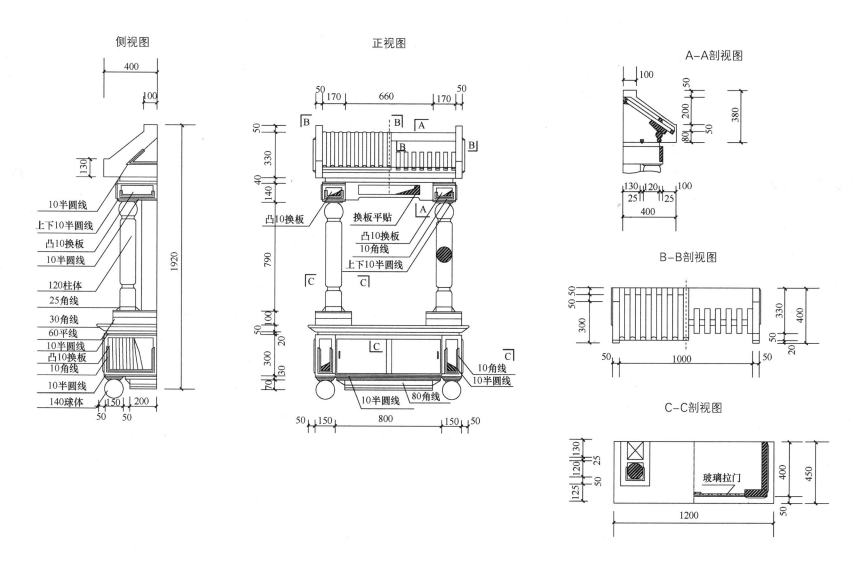

侧视图

正视图

A-A剖视图

B-B剖视图

C-C剖视图

10半圆线
上下10半圆线
凸10换板
10半圆线
120柱体
25角线
30角线
60平线
10半圆线
凸10换板
10角线
10半圆线
140球体

凸10换板
换板平贴
凸10换板
10角线
上下10半圆线

10角线
10半圆线
10半圆线
80角线

玻璃拉门

酒柜带供奉台造型

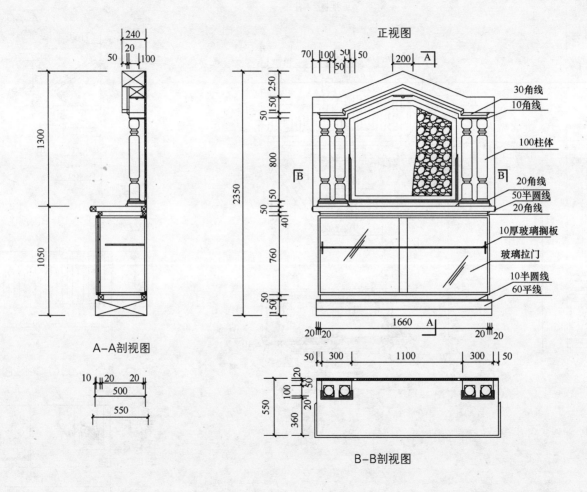

正视图

A–A剖视图

B–B剖视图

30角线
10角线
100柱体
20角线
50半圆线
20角线
10厚玻璃搁板
玻璃拉门
10半圆线
60平线

屏风造型

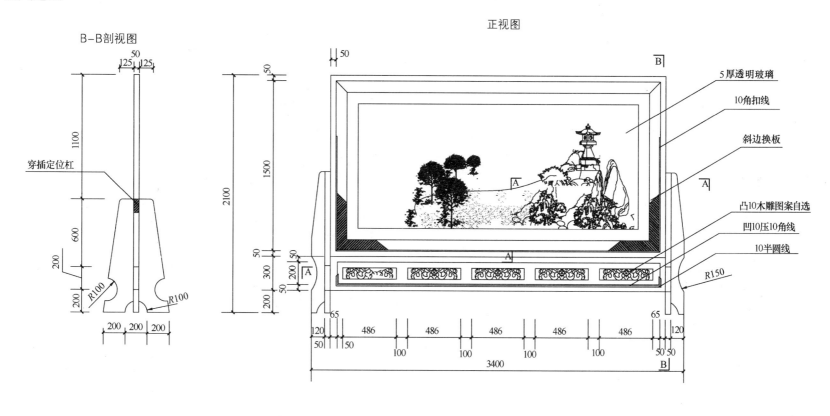

B—B剖视图

穿插定位杠

正视图

5厚透明玻璃

10角扣线

斜边换板

凸10木雕图案自选

凹10压10角线

10半圆线

A—A剖视图

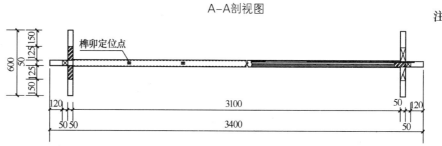

榫卯定位点

注:活动式,分解组合。
画画艺术形式及图案
自选,面层混油暗红
色。

189

屏风造型

B-B剖视图

正视图

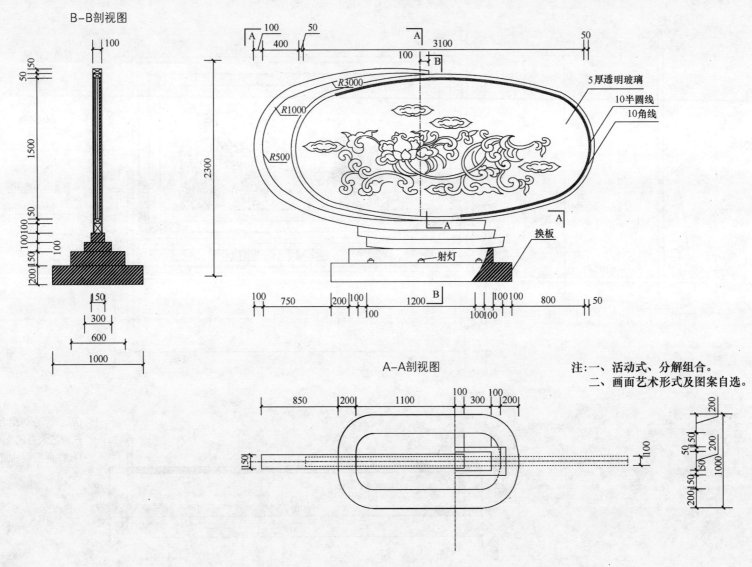

5厚透明玻璃

10半圆线
10角线

换板

射灯

A-A剖视图

注:一、活动式、分解组合。
　　二、画面艺术形式及图案自选。

屏风造型

侧视图

正视图

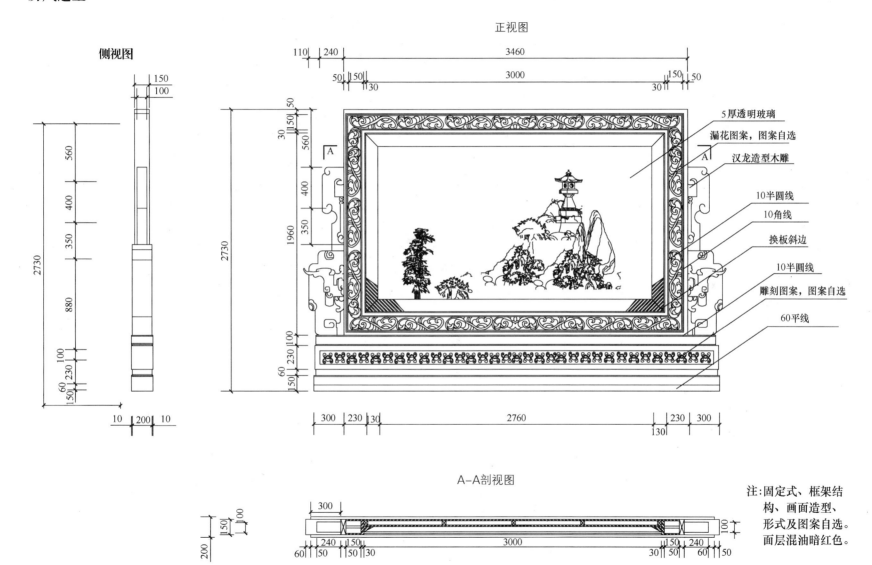

5厚透明玻璃

漏花图案,图案自选

汉龙造型木雕

10半圆线

10角线

换板斜边

10半圆线

雕刻图案,图案自选

60平线

A—A剖视图

注:固定式、框架结构、画面造型、形式及图案自选。面层混油暗红色。

屏风造型

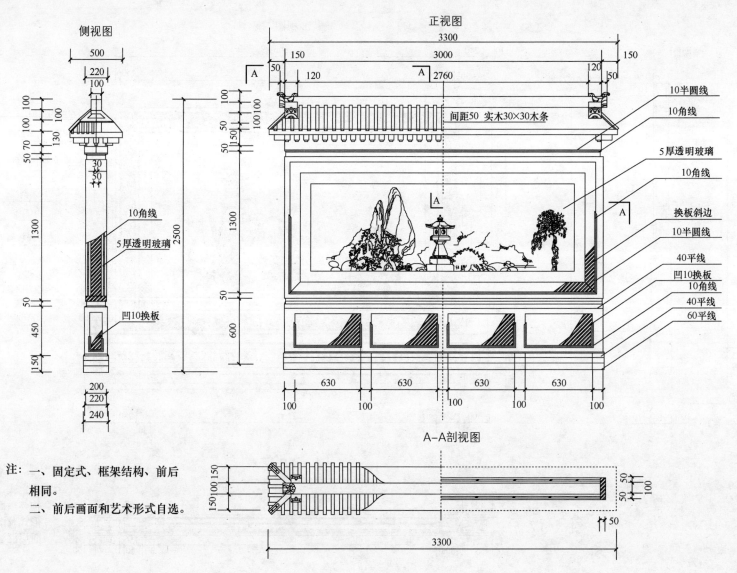

側视图

500
220
100

100
100
130
50 70
50

30
30
50

10角线
5厚透明玻璃

50
450
150
凹10换板

200
220
240

正视图

3300
150
3000
150

50
120
2760
120
50

100 100
100
50 50
150

间距50 实木30×30木条

10半圆线
10角线

5厚透明玻璃

10角线

换板斜边
10半圆线

1300

600

40平线
凹10换板
10角线
40平线
60平线

630   630   630   630

100   100   100   100   100

2500

A—A剖视图

150 100 150

50 50
100

50

3300

注: 一、固定式、框架结构、前后
相同。
二、前后画面和艺术形式自选。

192

屏风造型

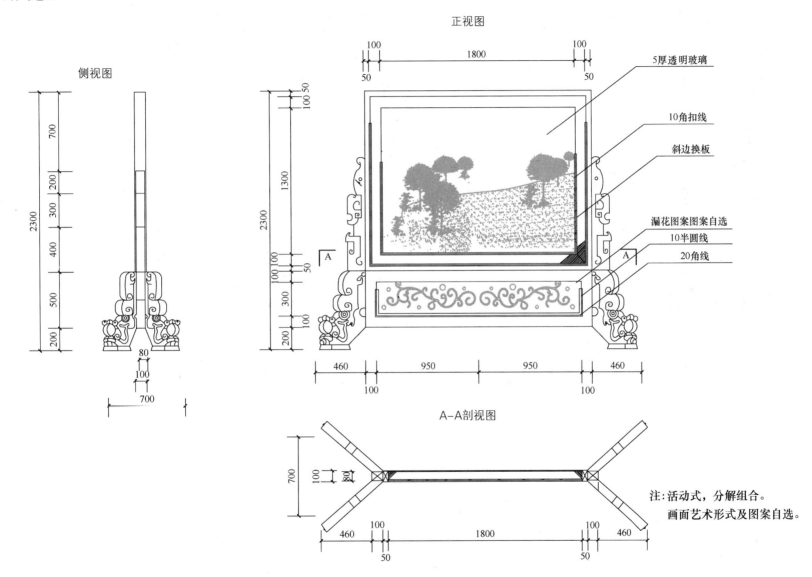

侧视图

正视图

5厚透明玻璃

10角扣线

斜边换板

漏花图案图案自选

10半圆线

20角线

A-A剖视图

注：活动式，分解组合。
　　画面艺术形式及图案自选。

屏风造型

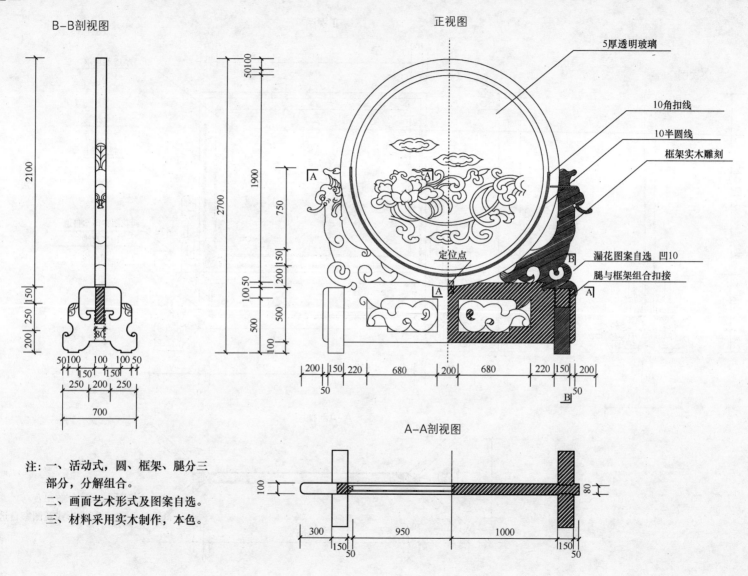

B-B剖视图

正视图

5厚透明玻璃

10角扣线

10半圆线

框架实木雕刻

定位点

漏花图案自选　凹10

腿与框架组合扣接

A-A剖视图

注：一、活动式，圆、框架、腿分三
　　部分，分解组合。
　　二、画面艺术形式及图案自选。
　　三、材料采用实木制作，本色。

屏风造型

側视图

正视图

5厚透明玻璃

20角线

斜边换板

10半圆线

20角线

凹10换板

10半圆线10角线

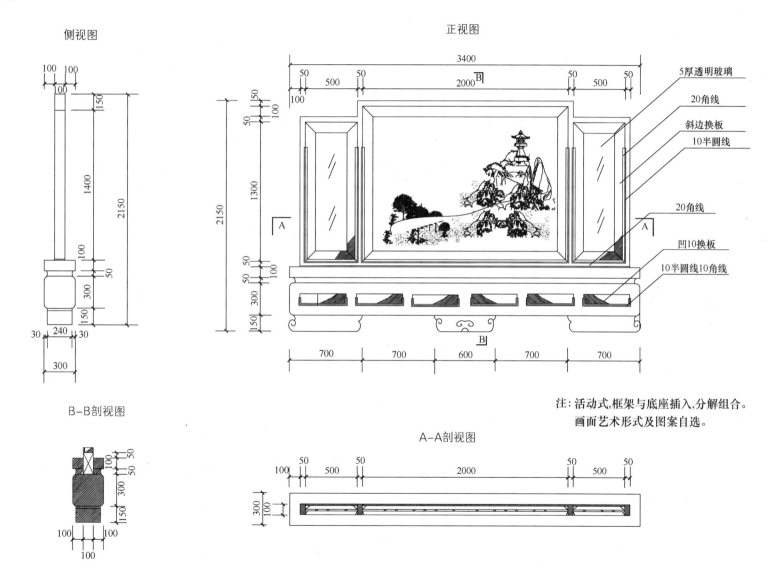

注：活动式,框架与底座插入,分解组合。
画面艺术形式及图案自选。

B-B剖视图

A-A剖视图

屏风造型

B-B剖视图

正视图

5厚明玻璃

10角线

10半圆线

腿与框架扣接

A-A剖视图

注：活动式，分解组合。
画面艺术形式及图案自选。

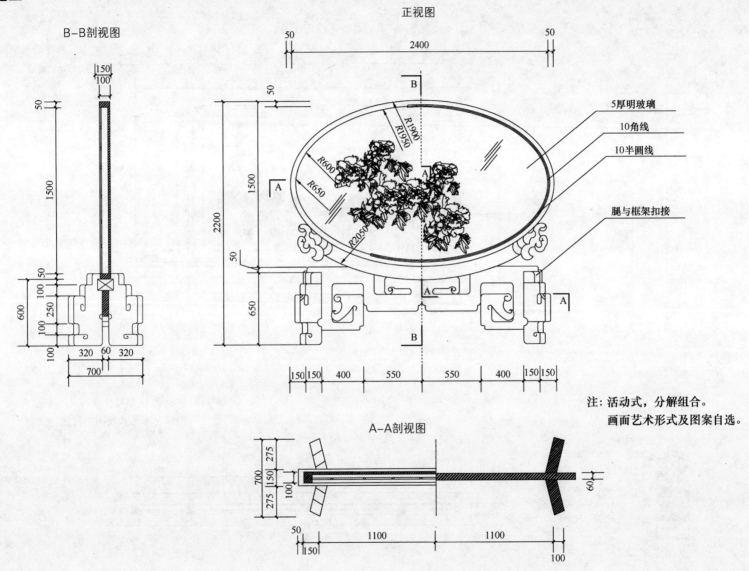

196

落地穿衣镜造型

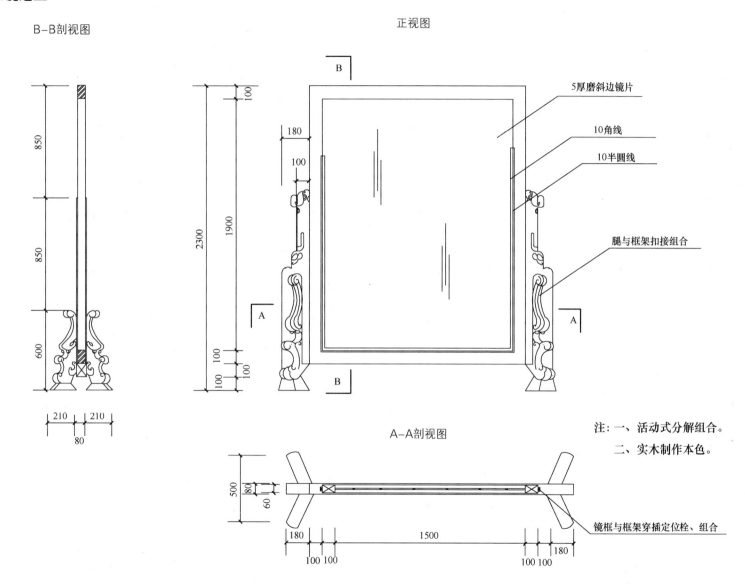

B-B剖视图

正视图

5厚磨斜边镜片

10角线

10半圆线

腿与框架扣接组合

A-A剖视图

镜框与框架穿插定位栓、组合

注：一、活动式分解组合。
二、实木制作本色。

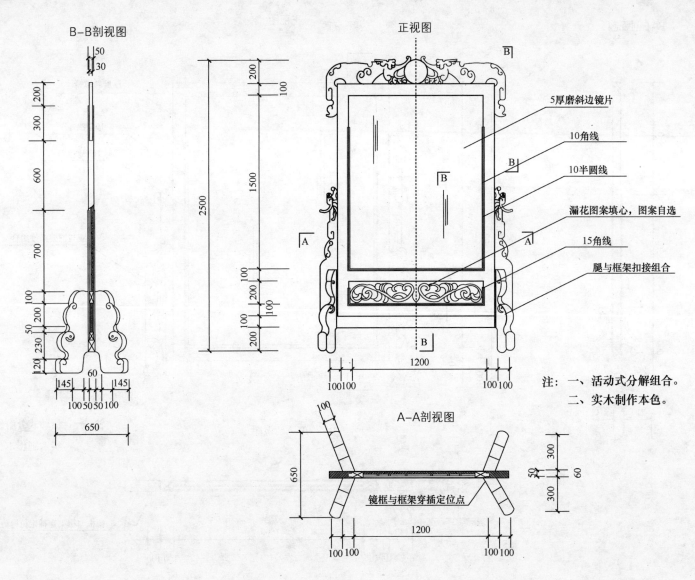

B-B剖视图

正视图

5厚磨斜边镜片

10角线

10半圆线

漏花图案填心，图案自选

15角线

腿与框架扣接组合

A-A剖视图

镜框与框架穿插定位点

注：一、活动式分解组合。
　　二、实木制作本色。

梳妆台造型

正视图

B-B剖视图

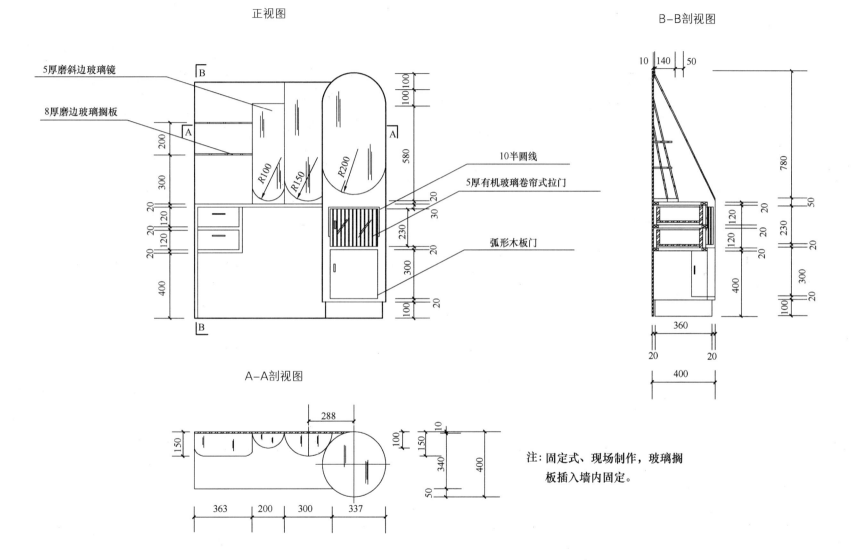

5厚磨斜边玻璃镜

8厚磨边玻璃搁板

R100

R150

R200

10半圆线

5厚有机玻璃卷帘式拉门

弧形木板门

A-A剖视图

注：固定式、现场制作，玻璃搁
板插入墙内固定。

梳妆台造型

B−B剖视图

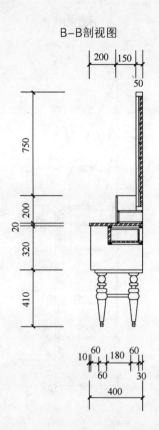

正视图

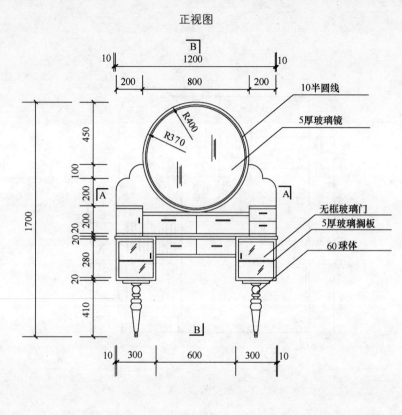

10半圆线

5厚玻璃镜

无框玻璃门
5厚玻璃搁板
60球体

A−A剖视图

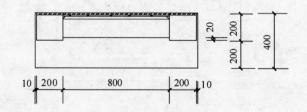

注：梳妆镜与柜分两部分，分解组合。

梳妆台造型

正视图

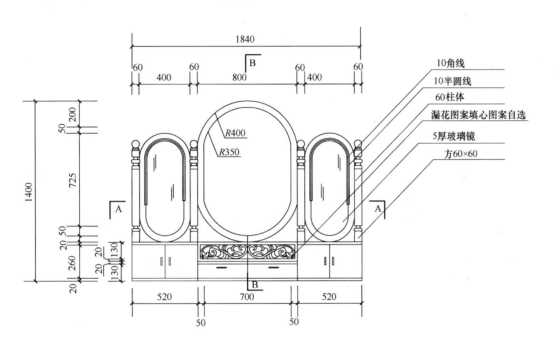

B-B剖视图

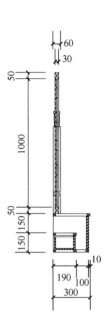

10角线
10半圆线
60柱体
漏花图案填心图案自选
5厚玻璃镜
方60×60

A-A剖视图

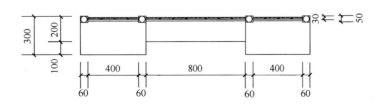

梳妆台造型

侧视图

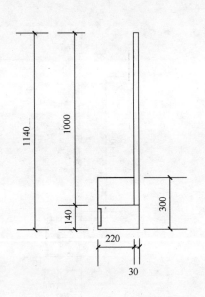

正视图

10角线

5厚磨斜边玻璃镜

10半圆线

注：固定式、下面与梳妆柜
结合，现场制作。

1140
1000
140
220
30
300

840
1140
300
20
120 120
300 270 300 270
30   30
1200

俯视图

30
220
300   900
1200

梳妆台带书柜造型

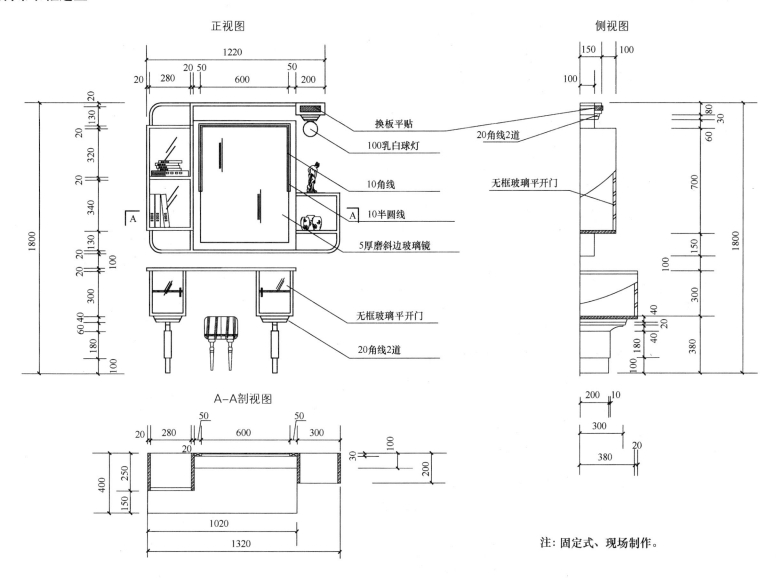

正视图

侧视图

换板平贴

100乳白球灯

10角线

10半圆线

5厚磨斜边玻璃镜

无框玻璃平开门

20角线2道

20角线2道

无框玻璃平开门

A-A剖视图

注: 固定式、现场制作。

暖气罩带梳妆台造型

正视图

B-B剖视图

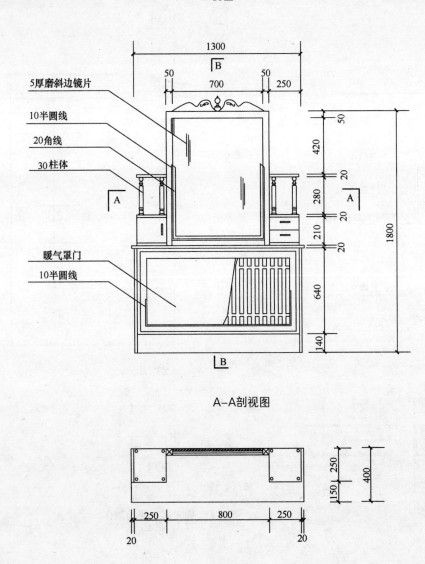
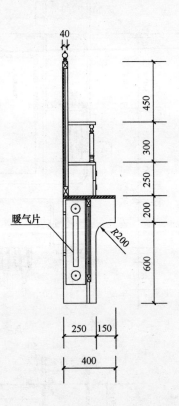

5厚磨斜边镜片

10半圆线

20角线

30柱体

暖气罩门

10半圆线

暖气片

A-A剖视图

洞口吧台造型

正视图

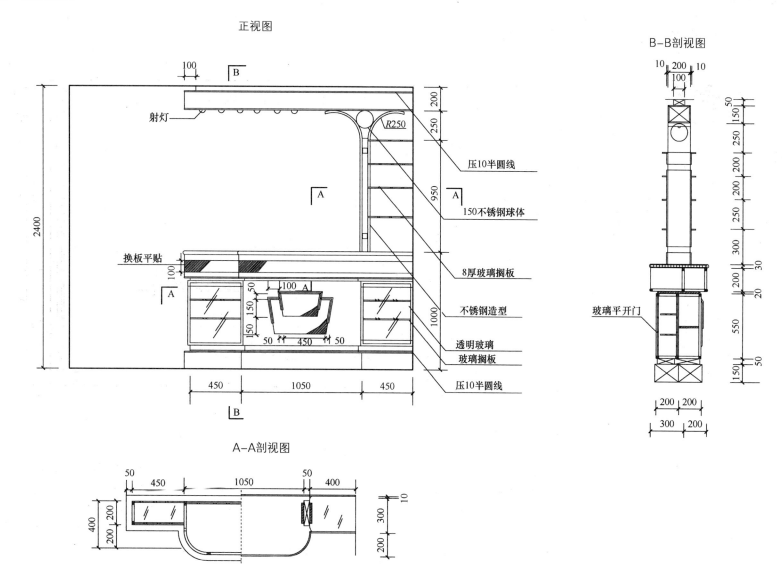

射灯

换板平贴

100

450　1050　450

B

2400

100

B

A

A

A

A

200

250

950

1000

R250

压10半圆线

150不锈钢球体

8厚玻璃搁板

不锈钢造型

透明玻璃

玻璃搁板

压10半圆线

150
150
150
50
50　450　50

100

A

A–A剖视图

50　450　1050　50　400

400
200　200

10

200　300

B–B剖视图

10　200　10
100

50
150
200
200
250
200
300
200
20
550
150

30

50

玻璃平开门

200　200
300　200

洞口吧台造型

B-B剖视图

镶镜片
玻璃搁板

正视图

压80角线
套口压60平线
厚20
压30半圆线
换板平贴
凸15换板
压15角线
压30平线

C-C剖视图

射灯

A-A剖视图

注：一、吧台面如果用30大花绿大
理石饰面效果更佳。
二、吧台里面柜及抽屉结构
按常规制作，不再剖视说明。

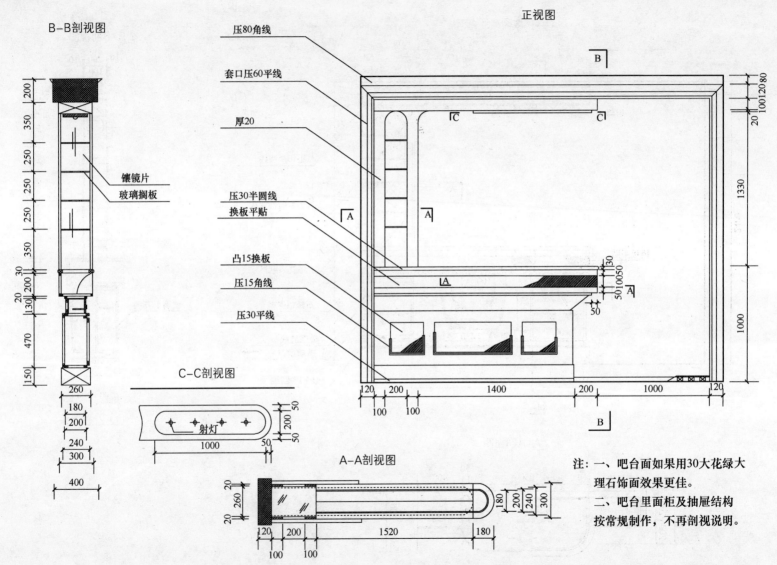

洞口吧台造型

C–C剖视图

正视图

C

R280 20 210 20 280 20 210 20

R200

上冒头R150

10角线

射灯

R150

100
200
980
300
50
370
2400

180
200
300

20
20 210
150
20

80
100
200
20 200 20
20 200
20 300
20 20
20 300
50 300
370
20 210 20
150
2400

A
A

B
B

150

百叶门压10半圆线

10半圆线

凸10换板

20半圆线

10半圆线

60平线

R316

21

1100
150 150
200
1400
C
3000

A–A剖视图

R150

300
200

400 320 300 500
20 20 20 20

B–B剖视图

百叶木板门

木板门

R120

280
260

20 560 500 300
20

207

洞口吧台造型

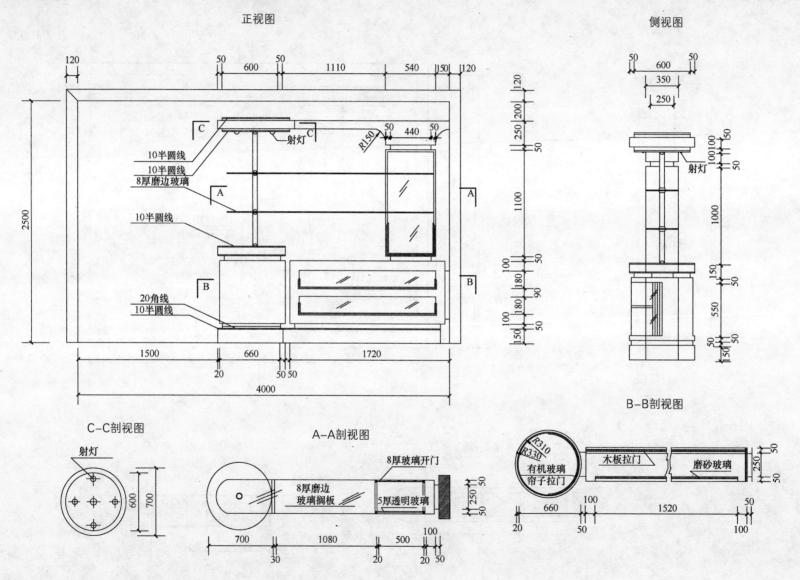

正视图

侧视图

10半圆线
10半圆线
8厚磨边玻璃
10半圆线
射灯

20角线
10半圆线

C-C剖视图

射灯

A-A剖视图

8厚玻璃开门
8厚磨边
玻璃搁板
5厚透明玻璃

B-B剖视图

有机玻璃
帘子拉门
木板拉门
磨砂玻璃

洞口吧台造型

B-B剖视图

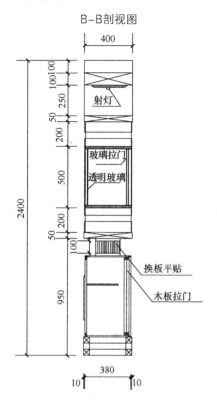

400

100 100
250
50
200
500
200
50
100
950
2400

射灯
玻璃拉门
透明玻璃
换板平贴
木板拉门

380
10   10

正视图

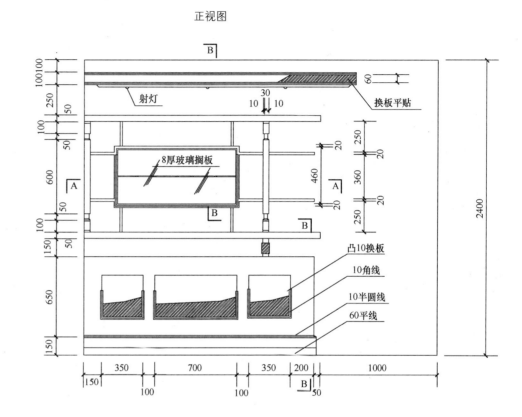

B
100 100
250
50
100
50
600
50
100
150
650
150
2400

射灯
30
10   10
换板平贴
60

8厚玻璃搁板

A
460
250
360
250
20
20
20
20

A

B
B

凸10换板
10角线
10半圆线
60平线

150
350
700
350
200
1000
100
100
B
50

A-A剖视图

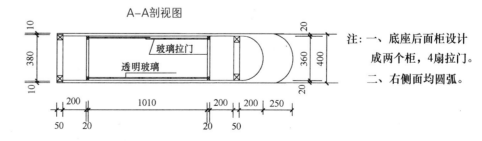

10
380
10

玻璃拉门
透明玻璃

20
360
400
20

200
1010
200
200
250
50   20
20   50

注：一、底座后面柜设计
　　　成两个柜，4扇拉门。
　　二、右侧面均圆弧。

洞口吧台造型

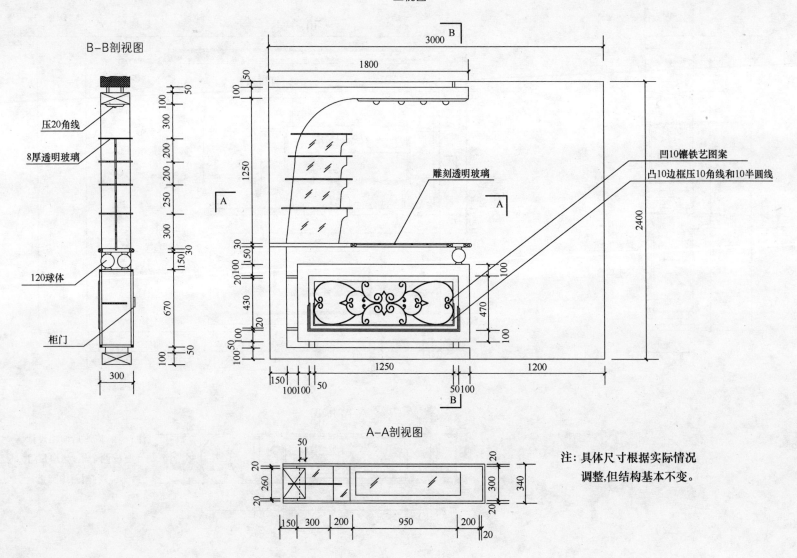

正视图

B－B剖视图

压20角线

8厚透明玻璃

120球体

柜门

雕刻透明玻璃

凹10镶铁艺图案

凸10边框压10角线和10半圆线

A－A剖视图

注：具体尺寸根据实际情况
调整,但结构基本不变。

洞口吧台造型

D-D剖视图

50 260 50
20 20

470
50
180
300
350
50
1000

正视图

2000

50
400
20

射灯

压10半圆线
透明玻璃
压10角线

20角线

B
300
B

930

8厚磨边玻璃搁板
C
C

10半圆线
换板平贴
50
100
5050
600

鞋柜

10半圆线

150

2400

A
A

20

R200
500

500   1050   350   1000
50   100   50

D

C-C剖视图

R151
R201
50
20
400

20
300
360
400

B-B剖视图

玻璃拉门

射灯
400

透明玻璃

A-A剖视图

20
400 360
20

平开门

板式拉门

R150
R200
50
300
50

550   1050   350   50

211

角小吧台造型

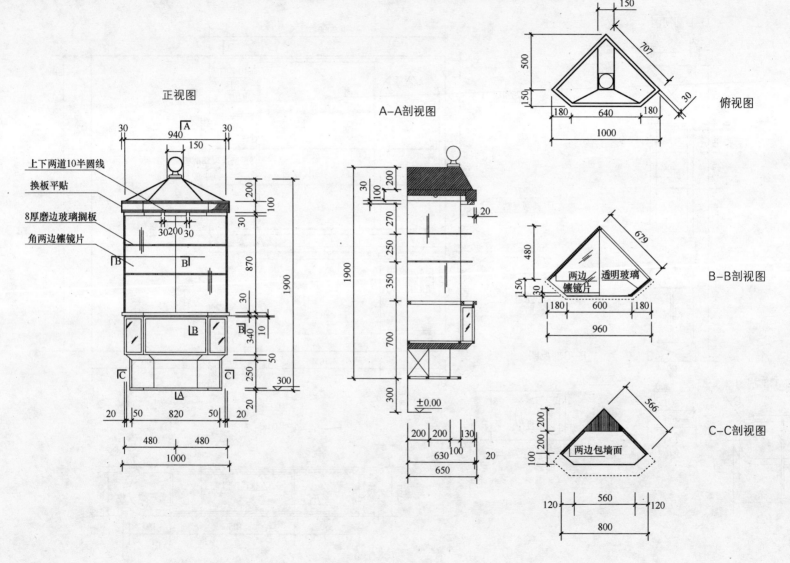

正视图

上下两道10半圆线
换板平贴
8厚磨边玻璃搁板
角两边镶镜片

A–A剖视图

俯视图

B–B剖视图

两边镶镜片　透明玻璃

C–C剖视图

两边包墙面

角小吧台造型

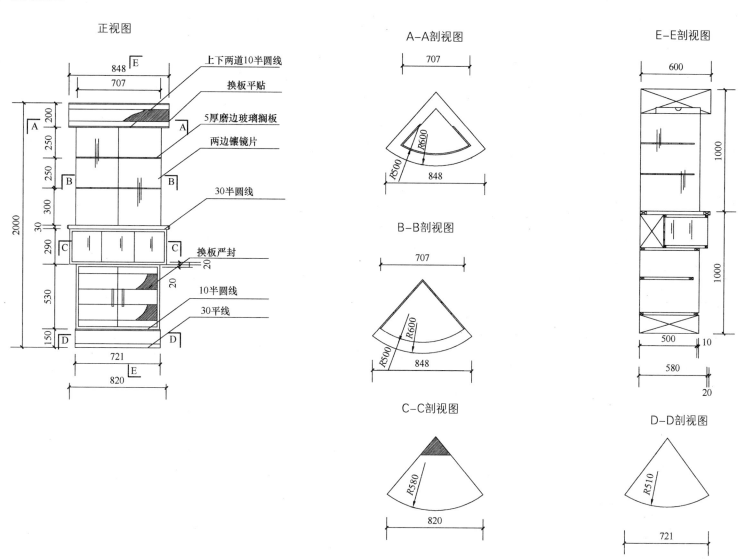

正视图

848
707

上下两道10半圆线
换板平贴
5厚磨边玻璃搁板
两边镶镜片
30半圆线
换板严封
20
10半圆线
30平线

200
250
250
300
30
290
530
150
2000

721
820

A-A剖视图
707
R600
R500
848

B-B剖视图
707
R600
R500
848

C-C剖视图
R580
820

E-E剖视图
600
1000
1000
500 10
580
20

D-D剖视图
R510
721

角小吧台造型

正视图

140球体
换板平贴
30角线

10×15木板条
换板平贴
30角线
8厚玻璃搁板
5厚玻璃搁板

换板平贴

10半圆线
60平线

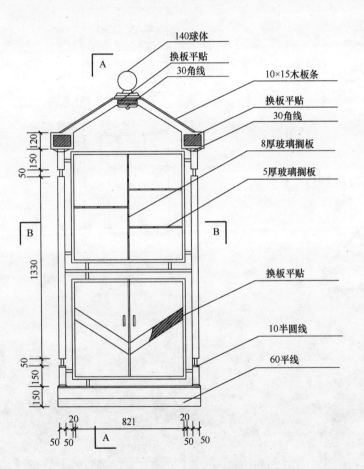

A–A剖视图

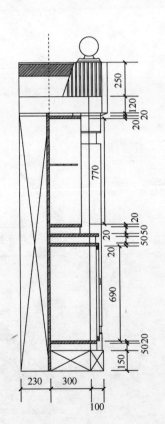

B–B剖视图

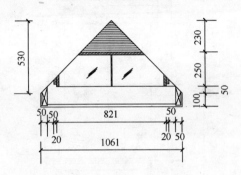

俯视图

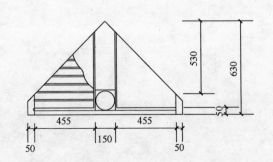

214

洞口服务台（收银台）造型

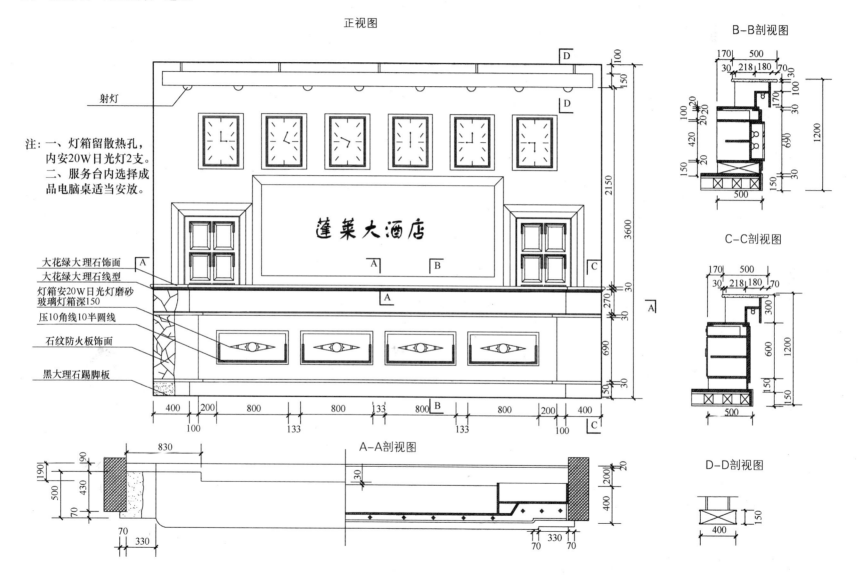

正视图

射灯

注：一、灯箱留散热孔，
内安20W日光灯2支。
二、服务台内选择成
品电脑桌适当安放。

蓬莱大酒店

大花绿大理石饰面
大花绿大理石线型
灯箱安20W日光灯磨砂
玻璃灯箱深150
压10角线10半圆线
石纹防火板饰面
黑大理石踢脚板

B-B剖视图

C-C剖视图

D-D剖视图

A-A剖视图

仿古式服务台造型

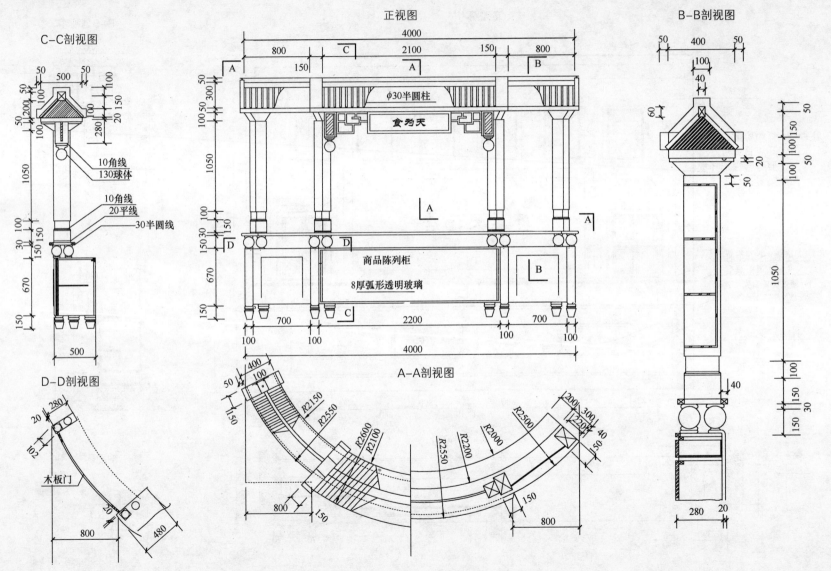

C-C剖视图

50 500 50
50 100 100
50 200 100
280
20 150
1050

10角线
130球体

10角线
20平线
30半圆线

100
30
150 150
670
150
500

D-D剖视图

20 280
20
102
木板门
20
800
480

正视图

4000
800 150 2100 150 800
C A B

50 300 100
φ30半圆柱

天为食

1050

100 50 300

商品陈列柜
8厚弧形透明玻璃

150 30
150
670
150

100 700 100 2200 100 700 100
4000

A-A剖视图

400
50 100
150
R2150
R2550
R2600
R2100
R2500
R2200
R2000
R2550
200 300 220 40
150

800 150
800
150

B-B剖视图

50 400 50
100
40
60
50
20
50
100 100 150 50
100 100

1050

100
40
150
150
30
150
280 20

216

服务台带商品柜造型

B-B剖视图

正视图

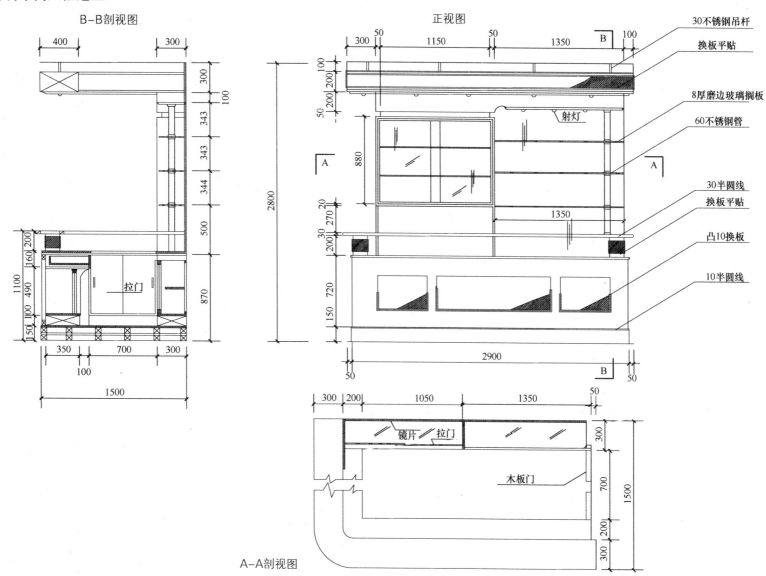

30不锈钢吊杆

换板平贴

8厚磨边玻璃搁板

60不锈钢管

射灯

30半圆线

换板平贴

凸10换板

10半圆线

拉门

镜片 拉门

木板门

A-A剖视图

挂衣柜造型

正视图

侧视图

墙面乳胶漆

白色亚光漆

深色板饰面

白色亚光漆

深色板饰面

8厚玻璃搁板

壁灯

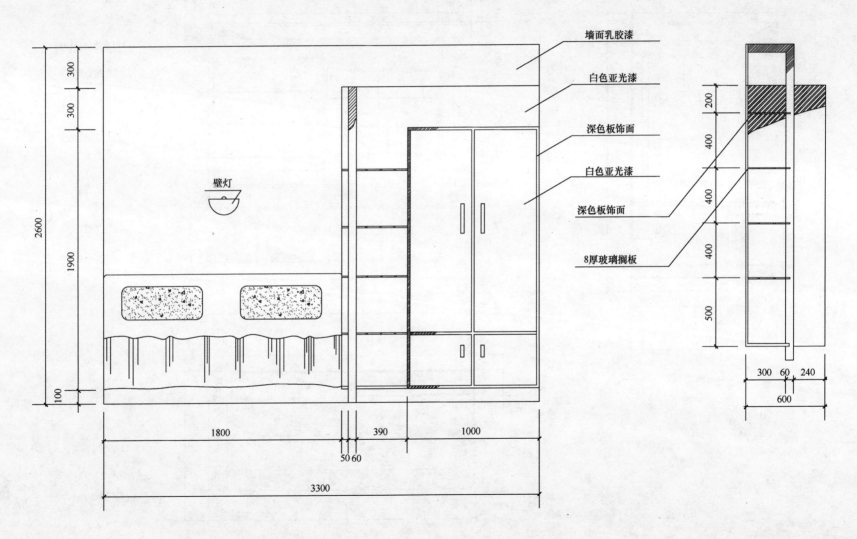

300
300
1900
100
2600

1800
50 60
390
1000
3300

200
400
400
400
500

300 60 240
600

商品陈列柜造型

正视图

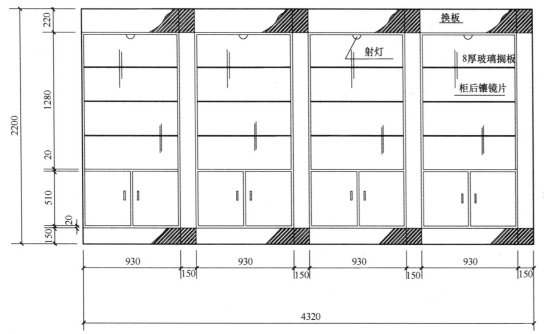

换板

射灯

8厚玻璃搁板

柜后镶镜片

220
1280
20
510
20
150
2200

930　150　930　150　930　150　930　150

4320

注：一、柜制作固定式、活动式皆可。根据
　　　需要连续组合延长。
　　二、单体柜结构分为顶板、柜、踢脚
　　　三部分制作分解组合成一体。
　　三、组合整体形式可任意变化。此为
　　　梯形组合。也可为平行组合或V形等
　　　组合形式。

俯视图

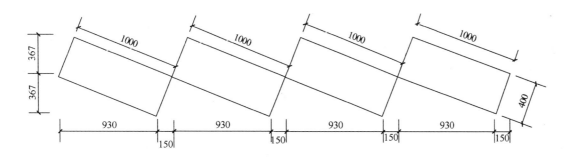

1000　1000　1000　1000

367
367

400

930　150　930　150　930　150　930　150

酒柜造型

正视图

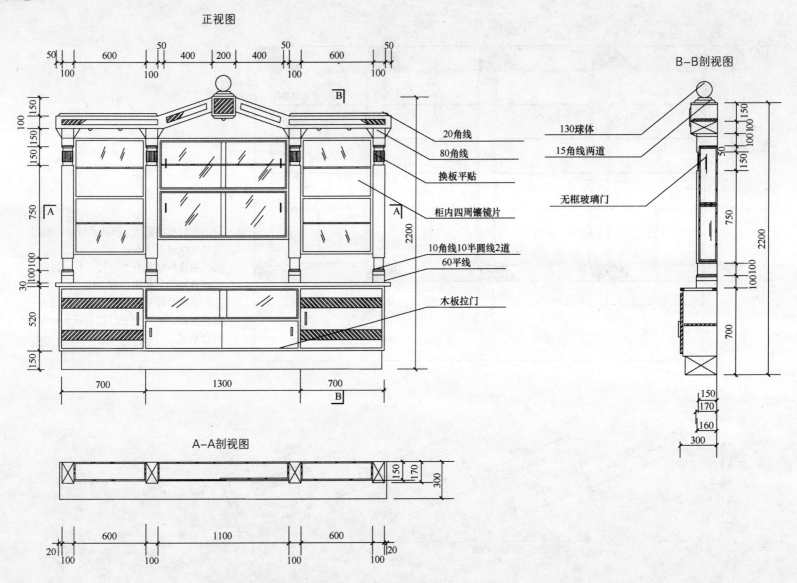

20角线
80角线
换板平贴
柜内四周镶镜片
10角线10半圆线2道
60平线
木板拉门

B-B剖视图

130球体
15角线两道
无框玻璃门

A-A剖视图

加厚门扇造型

正视图 (三个造型效果)

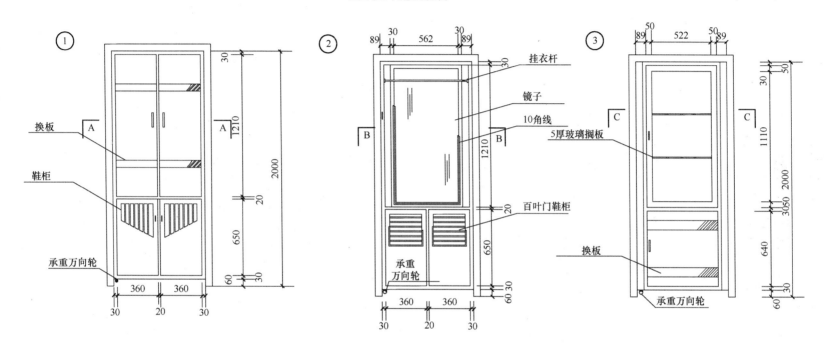

注: 一、此造型效果是为了充分利用有限的空间。
二、门口与门扇之间隙根据地区气候及选用不同材质而自行确定。
三、①、②图造型适用于楼梯下间隔门扇及小洞口封闭。
四、③图造型设计柜在里面，门扇正面造型自选。此造型效果用于厨房及卫生间面积较小情况下利用部分空间。
五、选用强度较高的合页，需要安锁时边框可加宽。

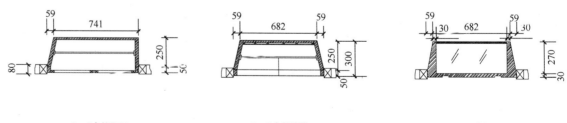

A-A剖视图　　　　B-B剖视图　　　　C-C剖视图

仿古式门扇造型

正视图

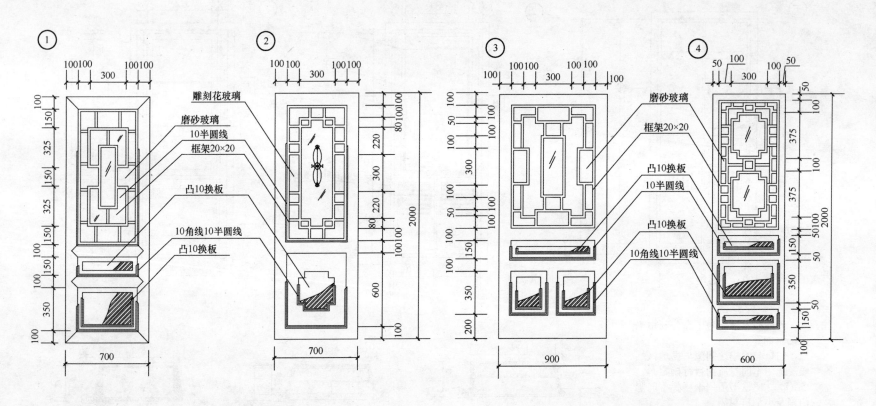

注：门扇厚40背面15角线压玻璃，框架20×20。

　　可以任意变化各种造型结构。

仿古式门扇造型

正视图

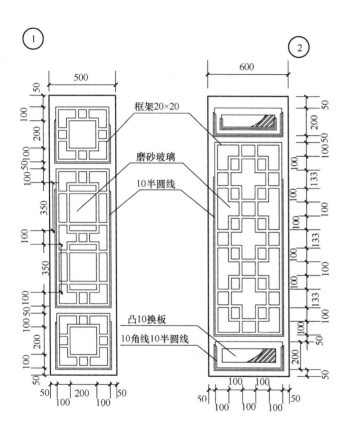

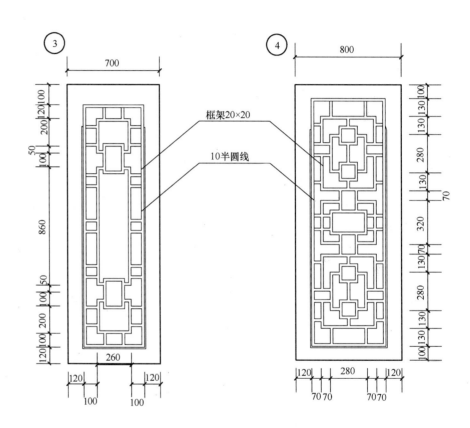

框架20×20

磨砂玻璃

10半圆线

凸10换板

10角线10半圆线

框架20×20

10半圆线

注:框架20×20可任意变化各种造型效果,门扇厚40背面15角线压玻璃。

仿古式窗扇造型

正视图

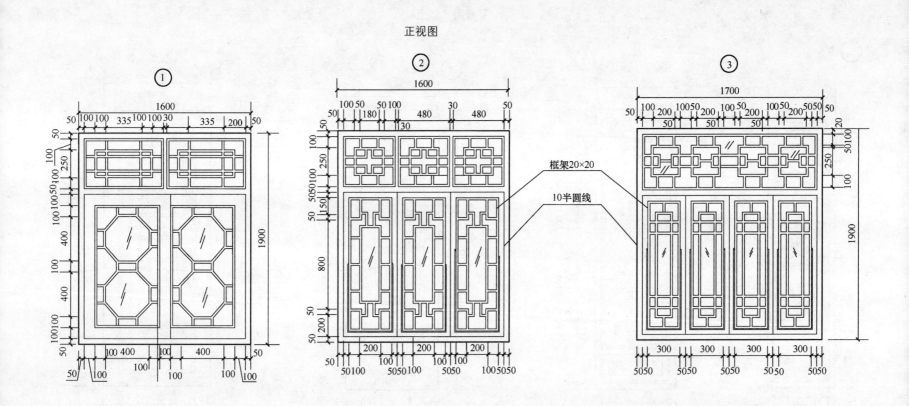

框架20×20

10半圆线

注: 窗扇厚40,框架20×20可任意变化各种造型结构的艺术效果。镶磨砂玻璃，15角线压玻璃。

扶手柱和柱头造型

扶手柱

柱头 ①

柱头 ② (框架结构)

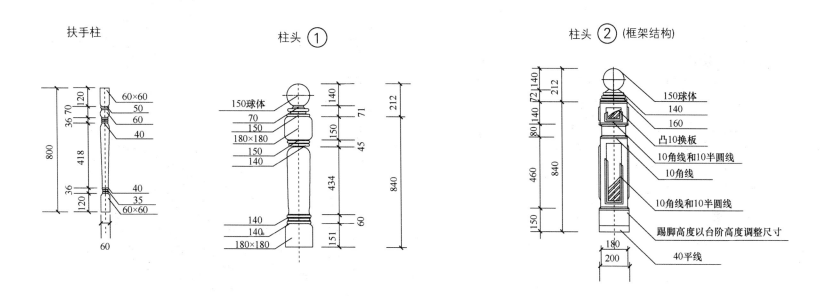

半包扶手栏板造型

正视图

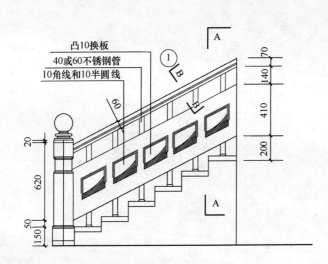

凸10换板
40或60不锈钢管
10角线和10半圆线

A

①

B

70
140
410
200

20
620
50
150

60

A

A-A剖视图

70
140
410
200

820

40

80

B-B剖视图

30
10
20

450

10
80
10

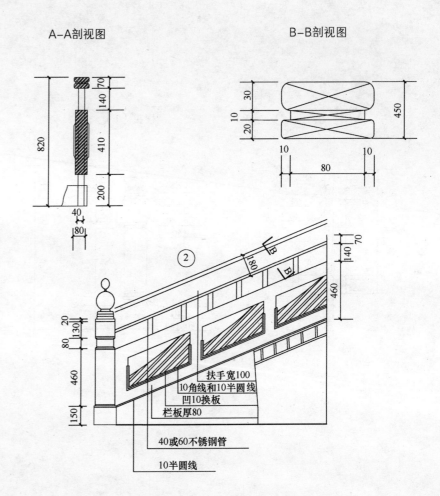

②

B

180

70
140
460

20
30
80
460
150

扶手宽100
10角线和10半圆线
凹10换板
栏板厚80

40或60不锈钢管

10半圆线

注：一、不锈钢扶手按常规制作，铁艺和不
锈钢带玻璃栏板自选。
二、木扶手厚分三块胶粘拼接组合。

假树造型包混凝土柱

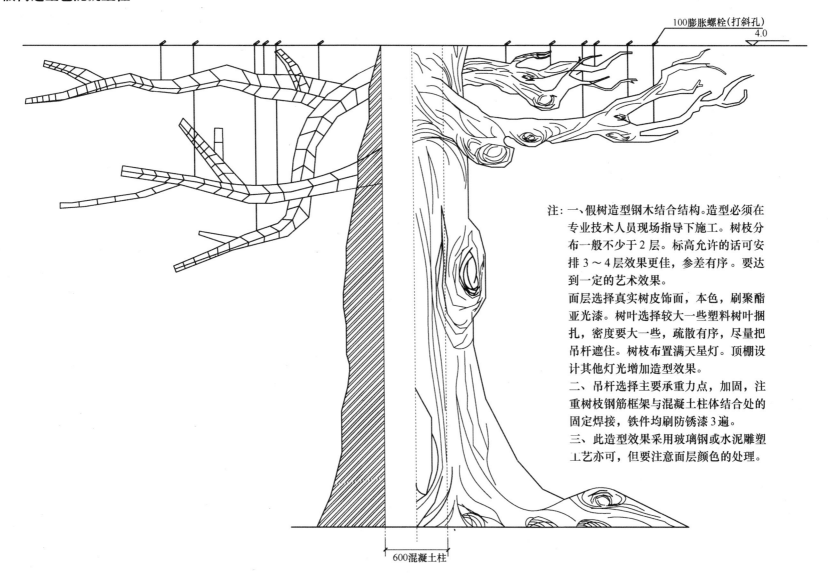

100膨胀螺栓(打斜孔)

4.0

600混凝土柱

注：一、假树造型钢木结合结构。造型必须在专业技术人员现场指导下施工。树枝分布一般不少于2层。标高允许的话可安排3～4层效果更佳，参差有序。要达到一定的艺术效果。

面层选择真实树皮饰面，本色，刷聚酯亚光漆。树叶选择较大一些塑料树叶捆扎，密度要大一些，疏散有序，尽量把吊杆遮住。树枝布置满天星灯。顶棚设计其他灯光增加造型效果。

二、吊杆选择主要承重力点，加固，注重树枝钢筋框架与混凝土柱体结合处的固定焊接，铁件均刷防锈漆3遍。

三、此造型效果采用玻璃钢或水泥雕塑工艺亦可，但要注意面层颜色的处理。